卓越工程师
培养模式研究与实践探索

ZHUOYUE GONGCHENGSHI
PEIYANG MOSHI YANJIU YU SHIJIAN TANSUO

赵吉斌 编著

文化发展出版社
Cultural Development Press

图书在版编目（CIP）数据

卓越工程师培养模式研究与实践探索 / 赵吉斌编著. —
北京：文化发展出版社，2021.12
ISBN 978-7-5142-3604-0

Ⅰ．①卓… Ⅱ．①赵… Ⅲ．①工程师－人才培养－研
究－中国 Ⅳ．①T-29

中国版本图书馆CIP数据核字(2021)第245063号

卓越工程师培养模式研究与实践探索

编　　著：赵吉斌

责任编辑：魏　欣　朱　言　　　　责任校对：岳智勇
责任印制：邓辉明　　　　　　　　责任设计：韦思卓
出版发行：文化发展出版社（北京市翠微路2号 邮编：100036）
网　　址：www.wenhuafazhan.com
经　　销：各地新华书店
印　　刷：北京建宏印刷有限公司

开　　本：787mm×1092mm　　1/16
字　　数：189千字
印　　张：11
版　　次：2021年12月第1版
印　　次：2021年12月第1次印刷
定　　价：56.00元
ＩＳＢＮ：978-7-5142-3604-0

◆　如发现任何质量问题请与我社发行部联系。发行部电话：010-88275710

前言

　　自从新中国成立以来，经过几代人的不懈努力和几十年的艰难发展，我国已经从一个贫穷落后的农业国成功完成了工业化，成为一个强大的工业化国家。我国工业增加值增长超970倍，形成了独立完整的现代工业体系，用几十年走过发达国家几百年所走过的工业化历程。联合国将工业产业分为41个工业大类、207个工业中类、666个工业小类，而我国是全世界唯一拥有联合国产业分类中所列全部工业门类的国家。2010年中国的GDP总产值达到6.45万亿美元，首次超越日本，成为世界第二大经济体。并在此后依然保持中高速发展，在2020年达到14.72万亿美元，占同期美国GDP（约20.93万亿美元）的约70%。

　　同时，我国的工程教育取得了巨大成就，培养了1500多万名本科、专科毕业生和60多万名研究生，为建立我国完整的工业体系和国民经济体系发挥了巨大的作用，并在改革开放进程中为国家输送了大量工程技术人才，有力地支撑了经济的高速增长。

　　随着我国商品大量出口至世界各地，国际贸易比重日益加大，国产商品的技术、质量、标准等逐渐得到人们重视，对国际化工程技术人才的需求越来越突出。特别是"一带一路"倡议的提出，给我国的产品、技术和标准走向国际化提出了更高的要求，而处于"百年未有之大变局"中，中国如何在变局中赢得更多的话语权，也对工程技术人才提出了新的挑战。

美欧等西方国家对工程教育的改革起始于 20 世纪 90 年代，逐步形成了符合现代工业发展的工程教育体系。2010 年教育部召开了"卓越工程师教育培养计划"启动会，从此"卓越计划"在我国工科专业逐步推广，并向医学、农学等其他专业推行。我国于 2013 年加入《华盛顿协议》，2016 年成为正式会员，从此"卓越计划"与工程教育认证结合起来，成为我国高校工科专业进行教育教学改革的方向。

北京印刷学院于 2011 年获批成为第二批"卓越工程师教育培养计划"实施高校，并于 2012 年正式开展"卓越计划"教育改革试点。经过几年的探索，积累了丰富的经验，近年来又结合工程教育认证工作进行了新的深入探索，为开展高等工程教育，培养符合新时代需要的工程师队伍打下了基础。在此基础上，机械工程专业于 2019 年获批北京市"重点建设一流专业"，于 2020 年成为国家级"重点建设一流专业"。

本书总结了近年来作者在高等工程教育方面的一些经验成果。对"卓越计划"的内涵进行了一定的思考，对"卓越计划"实施中的方法进行了总结，并结合工程教育认证，对开展高等工程教育的一些具体措施进行了分析。

诚然，书中所涉及的大量方案和实例，都是作者与全体同事共同努力的结果，没有同事们的相互配合和帮助，目前的成绩是不可能取得的，在此一并表示感谢！

书中涉及的具体措施与分析理解思路也完全是基于作者粗浅认识基础上的经验积累，不足之处在所难免，恳请读者指正。

作者

2021 年 11 月

目 录 Contents

第 1 章　工程教育与卓越工程师教育培养计划

20 世纪以来，科学与工程实践在不断发生变化，从 20 世纪 70 年代开始，一些国家的工程院校开始进行工程教育改革，调整人才培养模式，以满足工业生产领域的需求。工程教育每隔几年就会掀起一次高潮，部署新的行动，不断进行工程教育改革。特别是进入 21 世纪以来，经济全球化步伐日益加快，世界工业化基本格局发生巨大变化。一方面，全球经济一体化加速了全球资源和人才的流动，使各国之间的竞争日趋激烈；另一方面，中国工业化进程快速推进，使世界财富和经济权利迅速向东方转移，传统的发达国家感受到了来自新兴经济体的强大竞争。因此以美国为代表的发达国家都将"再工业化"作为重塑竞争优势的重要战略，通过大力发展先进制造业，重新回归实体经济，创造新的经济增长点，以夸大竞争优势。美国、日本、欧洲各国的工程教育经过不断的探索发展，逐渐形成了具有各自鲜明特点的教育模式。

1.1　外国的工程教育

1.1.1　美国的工程教育

美国十分重视工程教育的改革与创新，20 世纪 90 年代以来，多家权威机构相继发表一系列政策研究规划和研究报告，美国工程教育协会（ASEE）于 1994 年发表《面对一个变化世界的工程教育》，美国自然科学基金会（NSF）于 1995 年发表《重塑工程教育：聚焦变革》，美国国家研究委员会（NRC）于 1995 年发表《工程教育：设计一个适配的系统》。美国的工程教育改革思路与措施集中体现在这几份报告中。

进入 21 世纪，美国又开始了新一轮的工程教育改革。美国工程院（NAE）于 2004 年年底发表的《2020 的工程师：新世纪工程的愿景》，对未来工程师的知识结构提出新的要求："工程师在继续保持数学和科学见识基础的同时，扩大人文、社会和经济学的基础，以拓展设计视野；工程专业应能够迅速融合由创造、发明和交叉学科所带来的一切潜力，来开辟并适应新的领域，包括需要与非工程学科（如人文学科、社会学科、商务）进行跨学科合作的领域。"本报告还提出了未来工程师应当具有的领导地位："工程师应当占据领导者的地位，对公共政策的制定以及政府、产业的治理产生积极的影响；工程师能够继续成为智慧、知识、经济发展的领导力量，能够充分适应全球力量和趋势的变化，并能从伦理上帮助世界达到发展中国家和发达国家生活水平之间的平衡。"

NAE 在 2005 年发表的《培养 2020 的工程师：适应新世纪的工程教育》中对工程教育的改革方向和原则提出建议：工程教育必须体现其训练工程师的本质，同时工程教育是在日益重视工程实践与工程教育研究的背景下进行的；工程教育需要多方合作，尤其是工科教师与工程专业界的参与。

美国卡内基教学促进基金会在《培养工程师：谋划工程领域的未来》中强调：如果工程专业的学生要准备迎接今天和明天的挑战，其培养重心就应该是专业实践，通过专业工程师（特定的）角色认知和所承担义务的持续强化来整合技术知识和实践技能。专业实践教学应该成为在未来本科工程教育中对课程内容和教学策略进行选择时的标准。

1.1.2 日本的工程教育

日本的高等工程教育改革起始于 20 世纪 90 年代。尽管日本很早就确立了"教育兴国、科技立国"的基本国策，但是从第二次世界大战后的很长时间内，日本采取"重实用技术，轻科学研究；重模仿，轻创新"的战略为日本带来了经济繁荣。然而，经济泡沫破裂后缺乏具有创新能力的人才，使得经济持续低迷，迫使日本政府制订了《科学技术基本计划》，明确提出"科学技术创造立国"的战略，逐步推行对高等教育科研体系的改革，试图通过改革培养出与产业结构调整相适应的人才。

基于产业调整、市场竞争、讲求效率、鼓励创新、团队合作的需要，日本提出了重视培养学生"具现力"的口号，将学生所学知识以一定的形式具体表现出来的能力，其内容有创造能力、实践能力、沟通能力和体力。

日本重视学习借鉴欧美先进教育理念和工程教育国际化。日本的工程教育吸收了德国的工程教育模式，注重工程实际训练。高校重视与企业合作，通过引入市场机制，与企业签订培养合同，建立横向联合机制，建立教学、研究、开发与市场实践一体化系统，形成产学合作的以企业为本位的工程人才培养模式。日本还借鉴了美国的工程教育模式，即高校注重学生基础理论和专业领域全面知识的学习，在企业设有完善的职业培训系统。

1.1.3　欧洲的工程教育

欧盟委员会提出了建设世界最具创新活力地区的"苏格拉底计划"，内容涉及从幼儿教育到成人教育的各级各类教育，构建并实施了一系列"主题网络"来加强欧洲工程教育的改革和发展，先后推出"欧洲高等教育计划"（Higher Engineering Education in Europe，H3E）、"加强欧洲工程教育"（Enhancing Engineering Education in Europe，E4）、"欧洲工程教育的教学与研究"（Teaching and Research in Engineering in Europe，TREE）三项大型工程教育改革计划，对欧洲的工程教育产生了重要而深远的影响。

1.2　我国工程教育的现状

1.2.1　我国工程教育的主要成果

自新中国成立以来，我国的工程教育取得了巨大成就，培养了 1500 多万名本科、专科毕业生和 60 多万名研究生，为建立我国完整的工业体系和国民经济体系发挥了巨大的作用，为国家输送了大量工程技术人才，有力地支撑了经济的高速增长。

据相关报道，新中国成立以来，我国工业增加值增长超 970 倍，形成了独立完整的现代工业体系，用几十年走过发达国家几百年所走工业化历程。联合国将工业产业分为 41 个工业大类、207 个工业中类、666 个工业小类，而我国是全世界唯一拥有联合国产业分类中所列全部工业门类的国家。

据世界银行数据显示，按现价美元测算，2010 年我国制造业增加值首次超过美国，成为全球制造业第一大国。2018 年，我国制造业增加值占全世界份额 28% 以上，成为驱动全球工业增长的重要引擎。

我国目前开设工科专业的本科院校占本科高校总数的90%，工程教育的规模位居世界第一。工程教育的结构和体系也比较合理，工程教育经过多年发展，已经具备良好的基础，基本满足了社会对多层次、多类型工程技术人才的大量需求，为国家经济建设和社会发展提供了充足的人力资源保障。

1.2.2 我国工程教育的现实问题

我国的高等工程教育目前存在的问题主要集中在人才定位、人才培养等几个方面。

在人才定位上，很多高校的人才培养追求高层次，近些年来，院校升级成为学校工作的首要目标，中职院校努力升高职院校，高职院校努力升本科院校，本科学院努力升大学，大学将教育重点由本科教育升级为研究生教育，有硕士点的院校努力申报博士点等。部分院校放弃了自身长期积累的特色和优势，使得原有的优势难以发挥，人才培养的质量受到较大影响。最近北京市教委将市属高校划分为研究型、特色型、应用型三个层次，在一定程度上是对当前这种风气的纠正。大学扩招、盲目做大、追求门类齐全是高校在定位上存在的又一个误区。为了学校升级，增设很多专业，有些专业根本不具备办学条件或办学条件很弱，导致人才培养质量不高。有些高校在专业设置上过于追求热门，追逐社会热点，造成一些传统的工科专业备受冷落，在这种形势下，工科专业的工程教育现状令人担忧。

在人才培养方面，我国的高等工程教育也存在很多问题。高校自身对于工程人才的培养存在误区，按照科学教育的模式培养工程人才，人才培养模式单一，创新能力培养不足，导致学生的创新意识淡化，创新精神不突出，创新技能有限，创新素质不高。工程实践不足或不系统，教师实践能力不强，导致培养方案重理论、轻实践，工程实践受到削弱，实践教学流于形式，企业实践质量不高，毕业实践环节忙于找工作，毕业设计被毕业论文所取代。

另外，社会环境对高校的工程人才培养也带来了较大的影响。例如，工程教育缺乏行业引导和支持，校企合作缺乏制度和法律保障，企业对接收学生实习不积极，缺乏参与高校人才培养过程的积极性，这一系列问题得不到很好的解决，使高校在工程人才培养上存在较大的难度。近年来，经济、金融、管理、新闻出版类人才受到社会欢迎，收入高、工作环境优越，使得学生盲目追逐这些热门专业，而对工科专业兴趣下降。工程师的社会认可度不高对高校工科专业的教育教学运行与管理带来了较大的冲击。

1.3　我国工程教育的主要任务

我国经过几十年的发展，已经取得了令人瞩目的成就，经济总量位居世界第二，工业产值位居世界第一。当前世界正面临"百年未有之大变局"，我国正处于百年未遇的战略机遇期，在民族强盛和国家强盛的发展过程中，以工业立国、制造强国为发展目标的我国急需能够继续担负起国家发展重任的工程人才。我国的高等工程教育也担负着中华民族伟大复兴的历史重任，迫使我们努力寻找自身的发展道路，建设创新型国家，以及建设人力资源强国，提升国家的核心竞争力。

1. 为加快国家产业转型升级、满足国家经济建设的需求培养复合型人才

我国经济正在由高速增长阶段向高质量增长阶段转变，逐步淘汰落后产能，低端制造业、资源型产业、污染性产业等逐步退出市场竞争，代之以高端装备制造业、环境友好型产业、资源友好型产业等新兴产业，调整产业结构成为近年来我国经济工作的重点。

我国作为人口第一大国，社会制度及经济运行模式具有鲜明的中国特色，工业化水平及工业化道路也具有鲜明的中国特色，中国的工业化不能模仿西方发达国家的工业化道路。

我国的工业不能走西方发达国家先工业化后信息化的道路，而应该工业化和信息化同步进行，国家大力推动的"互联网+"就是使工业化和信息化相互融合以推动工业化走向升级的重要途径。因此，中国的工程人才应该是既掌握工业专门知识与能力，又掌握信息化的相关知识的复合型人才。

我国的工业不能像西方发达国家那样直接把制造业转移到其他国家。美国的制造业转移造成了国内的产业空心化，虚拟经济过度发展，实体经济遭受严重冲击，导致了严重的经济危机。我国作为制造业大国，如果放弃实体经济，其影响将是巨大的和灾难性的。

我国的工业化道路必须是在原有基础上的产业升级，这是中国特色的新型工业化道路，是我国整体实力和国际竞争力的战略要求，是实现我国从经济大国迈向经济强国的重要途径。要坚持以信息化带动工业化，以工业化促进信息化，走出一条科技含量高、经济效益好、资源消耗低、环境污染少、人力资源优势得到充分发挥的新型工业化道路，这就迫切需要培养一大批能够适应和支撑产业发展的工程技术人才。

2. 为提高自主创新能力、建设创新型国家培养创新型人才

党的十八大报告提出，要提高自主创新能力，建设创新型国家。这是国家发展战略的核心，是提高综合国力的关键。十八大报告明确要求，坚持走中国特色自主创新道路，把增强自主创新能力贯彻到现代化建设的各个方面。建设创新型国家，实现进入创新型国家行列的目标，当务之急，就是要进一步解放思想、深化改革，破除一切束缚创新的思想观念桎梏和发展科技第一生产力。我国提出要把科技进步和创新作为经济社会发展的首要推动力量，把提高自主创新能力作为调整经济结构、转变增长方式、提高国家竞争力的中心环节，把建设创新型国家作为面向未来的重大战略。

进入 21 世纪，我国的自主创新能力大幅提升。随着我国工业的快速发展和经济的快速增长，中国的专利数量从 2000 年开始呈现井喷式增长。2011 年中国的专利申请数量位居世界第一，此后连续八年保持世界第一。世界知识产权组织发布的年度报告指出：2018 年全球共提交了 330 万件专利申请，其中中国国家知识产权局受理的专利申请数量最多，达到创纪录的 154 万件，占全球总量的 46.4%，其数量相当于排名第二位至第十一位的国家（组织）申请量之和。排在中国之后的是美国（597141 件）、日本（313567 件）、韩国（209992 件）和欧洲专利局（174397 件）。这五大国家（组织）受理的申请数量共占世界总量的 85.3%。专利申请量位列前十的还包括德国（67898 件）、印度（50055 件）、俄罗斯（37957 件）、加拿大（36161）和澳大利亚（29957 件）。

中国申请的境外专利数量也有了大幅度增长。2014 年，中国申请的境外专利只有 3670 件；2017 年，中国申请人在境外提交的专利达到 60310 件，比 2016 年增长了 15%，排名世界第 5 位。2018 年，美国申请人向境外提交的专利申请依然排在首位，而全球有效专利在 2018 年增长了 6.7%，达到 1400 万件。美国

约有 310 万件有效专利，排在其后的是中国（240 万件）和日本（210 万件）。美国有 50% 的有效专利来自国外，而中国国内的有效专利约占 70%。

但是我们的创新能力却并不尽如人意。2015 年中国大企业发展趋势报告显示：94 家上榜 2015 年世界 500 强的中国企业中，尽管有 74 家申报了研发投入，研发强度为 1.24%，与世界 500 强企业的平均研发强度 3% 至 5% 相比，还有较大差距。同时，我国科技创新成果转化不足也是创新能力不强的主要原因。虽然，早在 2013 年我国 SCI（科学引文索引）和 EI（工程索引）数据库收录的中国科技论文数量就分别达到 23.14 万篇和 16.35 万篇，位列世界第二和第一，但科技成果转化率仅为 10% 左右，远低于发达国家 40% 的水平；专利技术交易率只有 5%，真正实现产业化则不足 5%。可以说，我们很多科技成果只是或只能停留在学术论文阶段，缺少实际应用价值。由此可见，我国科技创新能力在得到巨大提升的前提下，与西方发达国家仍有较大的差距。

要建设创新型国家，就必须把创新融入社会生活的方方面面。创新是一种意识，是一种能力，也是新时代赋予我们的使命。必须把创新摆在国家发展全局的核心位置，不断推进理论创新、制度创新、科技创新、文化创新等各方面创新，让创新贯穿党和国家一切工作，让创新在全社会蔚然成风。

在国际竞争中，创新能力的竞争，说到底是人才的竞争。没有强大的人才队伍做后盾，自主创新就是无源之水、无本之木。创新驱动归根到底是人才驱动，要把人才作为支撑经济社会发展的第一资源。因此，要增强创新能力，就要打通人才培养、流动、使用过程中的体制机制障碍。

中国的高等工程教育肩负着为国家培养创新型工程人才的重任，人才的培养必须担当起这一历史重任，为建设创新型国家不断培养和积累大量创新型人才。

第2章 卓越工程师培养模式研究

2.1　卓越工程师教育培养计划（卓越计划）概述

2.1.1　卓越计划实施进展

2010 年 6 月 23 日，教育部在天津召开"卓越工程师教育培养计划"启动会，联合有关部门和行业协（学）会，共同实施"卓越工程师教育培养计划"（以下简称"卓越计划"）。卓越计划旨在面向工业界、面向世界、面向未来，培养造就一大批创新能力强、适应经济社会发展需要的高质量各类型工程技术人才，为建设创新型国家、实现工业化和现代化奠定坚实的人力资源基础，增强我国的核心竞争力和综合国力。以实施卓越计划为突破口，促进工程教育改革和创新，全面提高我国工程教育人才培养质量，努力建设具有世界先进水平、中国特色的社会主义现代高等工程教育体系，促进我国从工程教育大国走向工程教育强国。

第一批实施"卓越计划"的高校共有 61 所，第二批实施"卓越计划"的高校共有 134 所，第三批实施"卓越计划"的高校共有 153 所，见表 2-1。目前有越来越多的工科高校或专业实施了卓越计划，北京印刷学院为第二批实施卓越计划的院校，于 2012 年正式成立卓越班，到 2015 年在机械工程专业全面实施卓越计划，已经开展了四年时间。

表2-1 实施卓越计划的高校

第一批实施高校（61 所）	第二批实施高校（134 所）		第三批实施高校（153 所）		
清华大学	中国石油大学(北京)	安徽理工大学	北京交通大学	南京航空航天大学	华中农业大学
北京航空航天大学	中国地质大学(北京)	安徽工业大学	北京航空航天大学	南京理工大学	三峡大学
北京理工大学	北京信息科技大学	安徽建筑大学	北京理工大学	江苏科技大学	华中科技大学
北京科技大学	北京服装学院	安徽科技学院	北京科技大学	南京邮电大学	武汉理工大学
北京邮电大学	北京印刷学院	厦门理工学院	北京工业大学	河海大学	长沙理工大学
北京交通大学	北京建筑工程学院	江西理工大学	北京建筑大学	江南大学	南华大学
华北电力大学	北方工业大学	华东交通大学	北京信息科技大学	盐城工学院	湖南工程学院
北京化工大学	中国民航大学	东华理工大学	中国地质大学(北京)	常熟理工学院	湖南科技学院
北京工业大学	天津工业大学	南昌航空大学	天津工业大学	金陵科技学院	中南大学
北京石油化工学院	天津理工大学	景德镇陶瓷学院	天津理工大学	淮阴工学院	国防科学技术大学
郑州大学	天津科技大学	南昌工程学院	河北大学	徐州工程学院	华南理工大学
燕山大学	华北科技学院	中国海洋大学	河北工业大学	常州工学院	广东工业大学
太原理工大学	防灾科技学院	青岛科技大学	河北科技大学	扬州大学	海南大学
大连理工大学	河北理工大学	山东科技大学	石家庄铁道大学	浙江大学	重庆大学
吉林大学	河北联合大学	烟台大学	内蒙古科技大学	杭州电子科技大学	重庆邮电大学
哈尔滨工业大学	河北科技大学	青岛大学	内蒙古工业大学	浙江理工大学	重庆交通大学
哈尔滨工程大学	石家庄铁道大学	青岛理工大学	华北农业大学	温州大学	重庆科技学院
黑龙江工程学院	中北大学	济南大学	河北农业大学	中国计量大学	西南交通大学
同济大学	内蒙古科技大学	山东建筑大学	大连理工大学	合肥工业大学	电子科技大学
上海交通大学	内蒙古工业大学	河南科技大学	沈阳工业大学	安徽工业大学	成都理工大学
华东理工大学	东北大学	河南理工大学	沈阳航空航天大学	安徽理工大学	西南科技大学
东华大学	大连海事大学	华北水利水电大学	东北大学	安徽科技学院	成都信息工程学院
上海大学	沈阳大学			厦门大学	四川理工学院

续表

第一批实施高校（61所）	第二批实施高校（134所）		第三批实施高校（153所）	
上海工程技术大学	沈阳工程技术大学	郑州轻工业学院	福州大学	中国民用航空飞行学院
上海电力学院	辽宁工程技术大学	南阳理工学院	集美大学	成都学院
东南大学	山东理工大学	武汉大学	厦门理工学院	贵州大学
河海大学	沈阳建筑大学	中国地质大学（武汉）	三明学院	云南大学
江南大学	辽宁石油化工大学	长江大学	东华理工大学	昆明理工大学
江苏大学	大连交通大学	三峡大学	南昌航空大学	云南农业大学
南京工业大学	沈阳工业大学	武汉科技大学	江西理工大学	西南林业大学
南京工程学院	辽宁科技大学	湖北工业大学	南昌工程学院	广西大学
浙江大学	大连工业大学	武汉工程大学	中国矿业大学	桂林电子科技大学
浙江工业大学	沈阳航空航天大学	武汉纺织大学	中国海洋大学	桂林理工大学
浙江科技学院	长春理工大学	湖北汽车工业学院	山东科技大学	西安交通大学
宁波工程学院	长春工业大学	国防科学技术大学	中国石油大学（华东）	西北工业大学
合肥工业大学	东北电力大学	湖南科技大学	济南大学	西安理工大学
合肥学院	长春工程学院	长沙理工大学	青岛理工大学	西安电子科技大学
福州大学	吉林化工学院	南华大学	山东建筑大学	西安建筑科技大学
福建工程学院	东北林业大学	湖南工程学院	烟台大学	西安工业大学
南昌大学	哈尔滨理工大学	广东工业大学	青岛大学	西安科技大学
山东大学	东北石油大学	广东石油化工学院	华北水利水电大学	西安石油大学
中国石油大学（华东）	上海理工大学	广州大学	河南理工大学	陕西科技大学
山东理工大学	上海海事大学	宁夏大学	郑州轻工业学院	西安工程大学
天津大学	上海第二工业大学	青海大学	河南科技大学	西安邮电大学
华中科技大学	上海应用技术学院	广西大学	南阳理工学院	长安大学
武汉理工大学	上海电机学院	桂林电子科技大学	武汉大学	兰州理工大学
中南大学	南京工业大学	桂林理工大学	武汉工程技术大学	宁夏大学
湖南大学	南京航空航天大学	海南大学	长江大学	青海大学

续表

第一批实施高校（61所）	第二批实施高校（134所）		第三批实施高校（153所）		
湖南工程学院	南京理工大学	重庆大学	南京大学	武汉工程大学	新疆大学
华南理工大学	中国矿业大学	重庆交通大学	苏州大学	中国地质大学（武汉）	新疆农业大学
汕头大学	中国药科大学	重庆邮电大学	东南大学	武汉纺织大学	石河子大学
东莞理工学院	苏州大学	重庆科技学院			新疆工程学院
四川大学	扬州大学	电子科技大学			
成都信息工程学院	江苏科技大学	成都理工大学			
西南交通大学	南京邮电大学	西南科技大学			
西安交通大学	南京信息工程大学	四川理工学院			
长安大学	徐州工程学院	成都学院			
西安电子科技大学	淮阴工学院	贵州大学			
西北工业大学	常州工学院	昆明理工大学			
西安理工大学	盐城工学院	西安科技大学			
西安建筑科技大学	苏州科技学院	西安石油大学			
	常熟理工学院	西安工程大学			
	杭州电子科技大学	西安工业大学			
	浙江理工大学	陕西科技大学			
	温州大学	西安邮电大学			
	中国计量学院	兰州理工大学			
	中国科学技术大学	兰州交通大学			

2.1.2 卓越计划的含义

"卓越工程师教育培养计划"的英文名称为"A Plan for Educating and Training Outstanding Engineers"。卓越计划中强调的"卓越工程师",并不是指经过卓越计划培养出的大学生就是"卓越的工程师",而是说明了大学工程教育的努力方向和愿景。"卓越"(Outstanding)是指非常杰出或十分优秀,因此卓越计划的目标就是培养杰出的工程人才。"工程师"(Engineer)则泛指经过高等教育培养达到"卓越计划"通用标准规定的知识、能力和素质要求的工程师后备人才。"教育"与"培养"都是指为了一定的目的,采取一定的教学或训练方式,对实施对象施加影响,以提高其知识、能力和素质水平,其中"教育"针对的是广泛意义上的人才,主要是指学生在高等学校阶段的教育过程,而"培养"针对的是更专门的人才,主要是指学生在企业和社会阶段的培养过程。一个专业人才的成长仅靠学校阶段的教育是不够的,还需要专业实践和社会经历,因此卓越计划非常强调高校和企业社会的共同努力。

"卓越计划"具有三个特点:一是行业企业深度参与培养过程;二是学校按通用标准和行业标准培养工程人才;三是强化培养学生的工程能力和创新能力。

由卓越计划中将"教育"与"培养"并列可以看出,卓越计划十分重视企业参与该计划的实施。企业不仅仅是接纳部分学生实习,还要参与培养方案的制定,深度参与到人才培养的多个环节。

卓越计划中对工程人才的教育培养要按照一定的标准来进行,人才培养质量不仅要符合高等教育的通用标准,还应符合行业、企业的需要,要符合行业的培养标准。企业在参与人才培养的过程中,可以按照企业对人才的需求情况和行业标准安排实践培养阶段的进程。而工程能力和创新能力是现阶段卓越计划要解决的重要任务,要想成为"卓越的工程师",必须具有很强的工程能力和实践能力,而这些能力是很难在学校的课堂上获得的,必须通过包括企业实践在内的其他方式获得并提高。

2.1.3 卓越计划的人才定位

在划分工程师类型时,一般有生命周期原则、成长过程原则、学历层次原则等。根据卓越工程师计划对工程师的划分方法，我国工程师可以划分为服务工程师（Service Engineer）、生产工程师（Produce Engineer）、设计工程师（Design Engineer）和研发工程师（Research & Develop Engineer）四种类型。

服务工程师主要从事工程项目建成后的运行、维护与管理，或产品的营销、维修与服务，或生产过程的维护，应具有一定的理论基础、较强的实践动手能力和完善的市场服务意识。

生产工程师主要从事工程项目的建造、产品的生产制造或生产过程的运行，应具有良好的理论基础、较强的工程实践能力，尤其是应具有创新能力和一定的人文素质。

设计工程师主要从事产品工程项目或生产过程的设计与开发，应具有较为宽广的知识面、扎实的理论基础、良好的技术创新能力、较强的工程实践能力和良好的综合素质，具备设计开发出拥有自主知识产权的新产品、新生产过程或新工程项目的能力。

研发工程师主要从事复杂产品或大型工程项目的研究、开发和咨询以及工程科学的研究，应具有宽广的知识面、精深的专业理论基础、卓越的技术创新能力和植根于丰富工程经验的综合素质，具备创造出具有国际竞争力的专利技术、专有技术、尖端产品或高技术含量的工程项目的能力。

不同的工科院校在培养卓越工程师人才时应具有不同的人才定位，见表2-2。我国的高等院校分为研究型、研究教学型、教学研究型和本科教学型四种类型，分别对应于985大学、非985的211大学、非211省部属重点大学和省属其他本科院校。研究型大学以培养从事工程技术研究开发和工程科学研究的研发工程师与设计工程师为主要目标；研究教学型大学以培养设计工程师为主要目标，同时培养少量从事工程技术研究开发的研发工程师；教学研究型院校以培养从事工程技术开发和应用的设计工程师与生产工程师为主要目标；本科教学型院校以培养从事工程技术应用的生产工程师和在现场从事运行、营销、管理工作的服务工程师为主要目标。

表 2-2　工科院校工程师培养的主要类型

工科院校类型	研究型	研究教学型	教学研究型	本科教学型
对应大学	985 大学	非 985 的 211 大学	非 211 省部属重点大学	省属其他本科院校
主要培养目标	研发工程师设计工程师	少量研发工程师设计工程师	设计工程师生产工程师	生产工程师服务工程师

按照 CDIO 培养体系，一个产品、过程或系统在其全生命周期中，存在构思（C：Conceive）、设计（D：Design）、实施（I：Implement）、运行（O：Operate）四个构成要素，工程师在不同阶段承担的使命和工作任务有所不同，贡献也有所不同，见表 2-3。

表 2-3　工程师在产品、生产、系统的生命周期内的贡献

构思		设计		实施		运行	
使命	概念设计	初步设计	详细设计	元件制造	系统整合与测试	全生命支持	演化
商业战略技术战略客户需求目标竞争项目计划商业计划	需求功能概念技术构建平台计划市场定位法规供应商承诺	需求定位模型开发系统分析系统解构界面要求	元件设计需求确认失效和预案分析确认设计	硬件制造软件编程资源元件测试元件改进	系统整合系统测试改进取得认证投产交货	销售和铺货运行物流客户服务维护与维修回收升级	系统改进产品家族扩张

CDIO 的四个阶段对工程人才的要求与卓越计划中各层次工科院校的人才培养目标基本上是吻合的。

对于普通本科院校，按照上述分类应该属于教学型本科院校，在进行卓越工程师培养时，应该以培养生产工程师和服务工程师为主要目标，未来从事的岗位主要集中在实施与运行两个阶段。未来毕业生从事的岗位应主要集中在以下几个方面：

（1）机械产品的制造过程，包括加工、装配、测试、改进等。

（2）机械产品的营销过程，包括销售、安装、调试、维修等。

（3）机械产品的运行过程，包括运行管理、维护、升级改造、回收报废等。

部分优秀学生可从事产品设计等工作，通过进一步进修或实践锻炼提高后还可从事产品研发等相关工作。

培养方案的制定必须以人才定位为前提，适当调整过去以培养设计型人才为主的思路，适当增加实用化的课程，切实为生产、服务型工程师的培养奠定基础。

2.2 卓越工程师教育的人才培养标准与人才培养模式

教育部在提出卓越计划时，设计了卓越工程师的三个培养层次，即本科层次、硕士层次和博士层次，三个层次采用递进式培养模式，实现对工程人才的贯通培养。本科层次主要是培养学生将来在现场从事产品的生产、营销和服务或工程项目的施工、运行和维护等；硕士层次主要培养学生将来从事产品或工程项目的设计与开发或生产过程的设计、运行和维护，具备设计开发出拥有自主知识产权的新产品或新工程项目的能力；博士层次主要培养学生将来从事复杂产品或大型工程项目的研究、开发以及工程科学的研究，具备创造出具有国际竞争力的专利技术、专有技术、尖端产品或高技术含量的工程项目的能力。因此三个层次的培养标准是不同的。

2.2.1 本科阶段的人才培养标准

卓越计划要求工程人才的培养要按照一定的标准进行，培养标准包括通用标准、行业标准和学校标准三个部分。

通用标准是国家对各类卓越工程师培养在宏观上提出的基本质量要求。本科阶段的卓越工程师人才培养标准共有 11 项内容，见表 2-4。

表 2-4　本科阶段卓越工程师人才培养标准

序号	内容	具体要求
1	基本素质	具有良好的工程职业道德、追求卓越的态度、爱国敬业和艰苦奋斗精神、较强的社会责任感和较好的人文素养
2	现代工程意识	具有良好的质量、安全、效益、环境、职业健康和服务意识
3	基础知识	具有从事工程工作所需的相关数学、自然科学知识以及一定的经济管理等人文社会科学知识
4	专业知识	掌握扎实的工程基础知识和本专业的基本理论知识，了解生产工艺、设备与制造系统，了解本专业的发展现状和趋势
5	分析解决问题的能力	具有分析、提出方案并解决工程实际问题的能力，能够参与生产及运作系统的设计，并具有运行和维护能力
6	创新意识和开发设计能力	具有较强的创新意识和进行产品开发和设计、技术改造与创新的初步能力
7	学习能力	具有信息获取和职业发展学习能力
8	技术标准和政策法规	了解本专业领域技术标准，相关行业的政策、法律和法规
9	管理与沟通合作能力	具有较好的组织管理能力、较强的交流沟通、环境适应和团队合作的能力
10	危机处理能力	应对危机与突发事件的初步能力
11	国际交流合作能力	具有一定的国际视野和跨文化环境下的交流、竞争与合作的初步能力

　　"卓越计划"在确定的对卓越工程师培养的通用标准中明确提出，卓越工程师的培养标准分为素质、知识、能力三个方面。其中 1、2 为素质要求，3、4、8 为知识要求，5 ～ 7、9 ～ 11 为能力要求。

2.2.1.1　本科阶段卓越工程师的素质要求

　　大学阶段必须重视对工程人才基本素质的培养，特别是本科阶段，基本素质的养成对今后从事的职业具有极大的影响力。因此最终确定的通用标准中，本科、硕士、博士阶段对基本素质的要求是相同的。硕士、博士阶段主要培养的是工程人才的能力提高和专业知识的掌握，而本科阶段主要解决基本素质的养成。工程硕士和工程博士阶段卓越工程师培养标准见附录 A。

　　【基本素质】具有良好的工程职业道德、追求卓越的态度、爱国敬业和艰苦奋斗精神、较强的社会责任感和较好的人文素养。

现代工程师应具备与传统工程师不同的基本素质。主要表现在：

（1）良好的工程职业道德。工程职业道德是指工程师在工程职业活动中必须遵循的行为准则、职业规范、道德标准和道德品质的总和。良好的工程职业道德不仅是对卓越工程师的基本素质要求，也是人们对工程师职业群体及其职业行为的期望。工程职业道德在内容上主要包括遵纪守法、诚实守信、客观公正、爱岗敬业、追求卓越、尽职尽责、廉洁自律等。

（2）追求卓越的态度。这是卓越工程师必须具备的基本素质，表现在工作中就是要精益求精、不断完善，力争在工作中做到尽善尽美。只有这样，才能研发出高质量的产品，设计出高水平的项目，提升创新能力，从而赢得竞争优势。

（3）爱国敬业和艰苦奋斗的精神。爱国敬业和艰苦奋斗是中华民族的传统，要将爱国主义和敬业精神有机结合起来，努力通过工程技术手段提升我国的国际地位，提高我国的工程创新能力和综合国力。同时，要发扬艰苦奋斗的优良作风，摒弃现阶段出现的享乐主义等不正之风，保持生活上、道德上的清廉，将提升自身素养与爱国敬业紧密结合起来。

（4）较强的社会责任感。社会责任感是一个人在人类社会发展中所应当承担的责任的意识，也是一个人对国家、集体及他人所履行或承担的职责、任务和使命的态度。工程师的责任包括保护公众的安全、健康和福利，重视环境保护、生态平衡和可持续发展，自觉维护国家和社会的公共利益，工程师研究的科学技术、制造的产品、提供的服务等都应当以推动社会正向前进为前提，不应损害国家利益和社会利益、危害他人身体健康。

（5）较好的人文素养。现代工程师在具备优良的科学素养的前提下，必须具备较好的人文素养，即在文学、史学、哲学、艺术等方面应具备一定的人格、气质和修养。通过科学素养与人文素养的统一，自身在工程活动中正确理解与把握工程与社会、历史、文化、艺术的相互关系，从而在改造物质世界的同时，促进整个人类社会文明的进步与发展。

【现代工程意识】具有良好的质量、安全、效益、环境、职业健康和服务意识。

现代工程意识是卓越计划对工程人才素质提出的重要要求。

（1）质量意识。质量意识是人们对质量和质量工作的认识和理解，良好的质量意识是工程师追求卓越的前提。现代工程师既要具备良好的追求卓越的态度，又要具有良好的质量意识，才能在工程实践中不断提高质量，追求卓越。

（2）安全意识。安全意识是人们在工程实践和日常生活中对安全的认识和对安全的重视程度，关系到活动中直接操作人员的人身安全，也关系到周围人员的切身利益与安全，对国家和人民的生命财产安全，以及经济的健康发展和社会的安全稳定产生较大影响。现代工程师必须具备良好的安全意识，切实保证工程活动安全和生产产品的安全。

（3）效益意识。效益意识是指利用有限的人力、物力及时间等资源获得预期效果的意识，是工程生产追求的目标。现代工程师应具备良好的效益意识，在追求工程活动的规模、数量，追求产值的同时，提高生产效益，降低资源消耗。

（4）环境意识。环境意识是人们对环境的认识水平和对保护环境行为的自觉程度。良好的环境意识是工程师在工程行为中重视环境保护、处理好人与自然和谐关系的基础。现代工程师具有良好的环境意识，对于解决现阶段的环境污染问题，以及保持我国经济的长期健康发展，都具有极大的意义。

（5）职业健康意识。职业健康包括人们在职业活动过程中的身体生理健康、心理健康和适应社会的能力。良好的职业健康意识是工程师预防职业疾病、保持身心健康的条件，也有利于工程师在各种环境下开展工作。

（6）服务意识。服务意识是人们自觉主动地为服务对象提供热情周到的服务的观念和愿望，是现代行业企业为应对市场竞争而对员工提出的要求。工程师的服务意识不仅反映在产品售后或工程项目交付使用后，还反映在设计和研发阶段，如何使产品或工程项目便于日后的保养、维护、维修和更新等，即反映在产品或项目、服务的全生命周期当中。服务意识也是现代社会中建立人与人之间的相互关系的重要保障，每个人都要形成服务他人、帮助他人的观念，使社会向更加和谐、友爱的方向发展。

2.2.1.2　本科阶段卓越工程师的知识要求

本科阶段卓越工程师的知识要求主要在于以下三个方面：

【基础知识】具有从事工程工作所需的相关数学、自然科学知识以及一定的经济管理等人文社会科学知识。

在统一安排的公共基础课的基础上，不同的专业应根据自身特点设置相应的基础课程，课程的设置必须要考虑本学校、本专业的特点，不可照搬别人。比如机械工程专业要以数学和相关自然科学为基础，一般应包括数学或数值技术、测试与试验、误差理论与数据处理的应用。"一定的经济管理知识"是指工程经济、项目管理、质量管理、设备管理、生产组织和运作管理、产品营销售后服务等经济学、管理学知识。同时，现代工程师还应具备一定的文、史、哲等人文知识以及社会学、法学政治学等社会科学知识。

【专业知识】掌握扎实的工程基础知识和本专业的基本理论知识，了解生产工艺、设备与制造系统，了解本专业的发展现状和趋势。

对机械工程专业而言，至少应包含工程力学、工程材料、机械原理与设计、机械制造等专业知识，以及电工电子学、控制理论、计算机技术等相关学科的知识，侧重于应用工程技术知识解决实际工程问题。

【技术标准与政策法规】了解本专业领域技术标准，相关行业的政策、法律和法规。

工程师的职业活动不仅要严格按照本专业领域的技术标准进行，而且要遵守相关行业的政策、法律和法规，这是工程师的职业要求。例如，机械行业，对于机械图纸的绘制有较为严格的规定，各类通用件已经形成标准，专用机械、设备的设计制造要符合相关的国家、行业标准，且需要严格遵守，同时具体的工程技术及商业活动也必须要遵守国家相关的法律法规。

2.2.1.3 本科阶段卓越工程师的能力要求

本科阶段卓越工程师的能力要求主要有以下六个方面：

【分析解决问题的能力】具有分析、提出方案并解决工程实际问题的能力，能够参与生产及运作系统的设计，并具有运行和维护能力。

本科应用型人才必须能够对工程实际问题进行分析、提出解决方案并最终圆满解决。这是对所学知识的灵活运用，也是工程师进行工程实践的目标。同时，本科人才应该能够参与生产、运作系统的设计，对生产工艺、设备进行管理和创新，并且能够对生产运作的系统进行正常运行与维护。

【创新意识和开发设计能力】具有较强的创新意识和进行产品开发和设计、技术改造与创新的初步能力。

创新意识是指工程师根据社会经济发展的需要，引发创造前所未有的事物或观念的动机，并在创造活动中表现出的意向、愿望、构思和设想。它是人们进行创造活动的出发点和动力，是创造性思维和创新能力的前提基础。因此在本科阶段，在强调实践能力培养的基础上，还要将重点放在创新意识的培养上。至于创新能力，则指要求具备"产品开发和设计、技术改造与创新的初步能力"即可，并不是本科阶段培养的重点。

【学习能力】具有信息获取和职业发展学习的能力。

在信息技术和科技水平飞速发展的今天，工程人才必须能够具备信息获取的能力，不断更新自身的知识结构，适应经济社会的快速发展。在漫长的职业生涯中，通过各种现代化手段，获取新的信息，不断学习更新自身的知识体系与业务能力，提高职业技术水平，不断提高终身学习的能力，才能更好地履行职业职责，满足职业发展的需要。

【管理与沟通合作能力】具有较好的组织管理能力、较强的交流沟通、环境适应和团队合作的能力。

现代经济社会对工程师在组织管理、交流沟通、团队合作方面提出了更高的要求，说明非专业的能力正成为优秀工程师职业能力的重要组成部分。组织管理能力是领导一个组织、机构或团队的重要前提，也是开展大规模生产活动的保障；交流与沟通能力是上下级之间、同事之间以及与客户之间进行正常互动协作的基础。这些都是现代社会对工程师提出的新要求。

【危机处理能力】应对危机与突发事件的初步能力。

当前，我国工业化、现代化和城镇化进程加快，人口、资源和环境压力加大，人与自然的矛盾冲突愈加激化，社会矛盾突出，国际环境逐步恶化，使得突发事件以更加频繁、多样、突然的形式出现。工程上的危机与突发事件不仅会直接造成人员与财产的巨大损失，而且会造成生态的破坏、社会的动荡。因此作为卓越工程师的后备人才，就要求具有较强的危机意识，和应对危机与突发事件的初步能力。

【国际交流合作能力】具有一定的国际视野和跨文化环境下的交流、竞争与合作的初步能力。

国家的对外开放基本国策，要求工业界不仅要"引进来"，还要能够"走出去"，积极拓展国际市场，这也是经济全球化的必然趋势。这就需要大量具有国际视野、具备国际交流合作能力的各种层次和类型的高素质工程师。

2.2.2　卓越工程师教育的人才培养模式

国家的对外开放基本国策，要求工业界不仅要"引进来"，还要能够"走出去"，积极拓展国际市场，这也是经济全球化的必然趋势，这就需要大量具有国际视野、具备国际交流合作能力的各种层次和类型的高素质工程师。因此在人才培养上，就要坚持理论学习与实践创新相结合、坚持主动学习与教学引导相结合、坚持学校教育与企业培养相结合、坚持校本教育与校际交流相结合的人才培养模式。

2.2.2.1　理论学习与实践创新相结合的人才培养模式

对于工程教育来说，理论学习与实践教学必须是紧密结合在一起的。理论知识需要在实践中得到验证和利用，也需要在实践中得到发展和升华。在日常教学中，可以通过实验将知识进行充分消化吸收，达到完全理解，因此对培养方案中的部分专业基础课程设置部分实验环节是非常必要的。大学阶段的实验课程要尽量减少验证性实验的内容，而增加综合性、设计性实验，符合大学生学习的特点。例如，工程力学课程中的拉伸试验，不应将重点放在验证某些特定材料的拉伸特性上，而是放在对不同的工程材料的拉伸特性进行比较分析上，可以由学生选择不同的工程材料，设计相应的实验方案，开展实验操作，并对实验结果进行分析。允许得到不同的实验结果，而对于不同的结果，能够进行正确的分析。

课程设计是课程理论学习的必要补充，利用课程设计进行综合性课题的训练，可以将所学知识融会贯通。课程设计的内容设计需要考虑到人才培养的特点，以培养应用型人才为主的院校，在组织课程设计环节时，合理调整教学内容，不要一味地迎合设计型人才的培养需要。例如，机械原理课程设计重点在于分析不同机构的工作原理、建立机构运动的数学模型，对于编程部分则可以运用各种编程手段，如可以自行编制 C 语言程序、VB 语言程序或者运用 MatLab、Mathmatics 等现成工具进行。

实践环节是学生提高实践动手能力的重要手段。实践环节有两种实现手段，一种为校内实习，如电子工艺实习、金工实习等，通过学生亲自动手，提高工程素养，印刷机结构实习、数控编程等环节则通过模拟实际工程环境，提高学生对专业知识的运用能力。另一种实践环节为校外实习，如印刷工艺实习、印刷设备实习等，通过对实际企业的观摩，了解理论知识在企业的实际应用情况。企业工程实践环节则可以对企业的管理、运行、生产组织、设备、技术及工艺等进行详细学习，深入感受企业环境，为步入职场做好准备。

大学生科研计划、大学生创新创业项目、学科竞赛项目等都是近年来针对大学生开展的实践创新项目，学生通过参与这些项目进行综合性训练，深化大学阶段所学的理论知识，不仅可以培养实践动手能力，还能培养创新思想、创新意识与创新能力。

2.2.2.2　主动学习与学业引导相结合的人才培养模式

学生在开展学习活动时并不像过去那样一无所知，认为现在的孩子不爱学习的观点是错误的，因为学生无时无刻不在学习，只不过他们学习的是自己喜欢的或感兴趣的东西。因此在大学阶段，必须建立以学生主动学习为主的学习模式，建立模块化、系列化的课程，由学生选择感兴趣的课程模块，从而达到积极、主动地学习的目的。

主动学习的基础是学生的兴趣，因此大学的专业能力培养要以兴趣培养为起点，通过多种方式，如导师制管理、班主任学业辅导、专业教师的导学、专业导论课程等，不断发掘学生的兴趣点。

为学生准备丰富多彩的课程盛宴则是专业建设的重点之一。要针对专业特点及专业发展前景，设置适合当代大学生学习的专业课程模块，便于学生选择学习。课程要改变过去过于强调系统化的课程设置方法，侧重于课程学习的实用目的。

要吸引学生选课，除了要开设有吸引力的课程，保证课程有趣、实用以外，还要采用更加新颖的授课方式，如引入 MOOC 教学、翻转教学、分层教学等，满足不同学生的学习需要。

2.2.2.3　学校教育与企业培养相结合的人才培养模式

卓越人才的教育培养必须要由学校和企业紧密结合，以"教育"与"培养"并重的模式完成人才的培育过程。

卓越计划中明确提出，人才培养要有"企业深度参与"。企业要参与培养方案的制定，确保该方案培养的人才能够满足企业的用人需求，适应企业发展的需求。因此，高校在制定培养方案时，必须要考虑到企业的人才需求状况，适时调整课程结构，保证学生的知识、能力与素质得到企业的承认；企业通过参与制定培养方案，适度表达企业的人才诉求，确保人才能够为我所用。

卓越计划要求，学生在大学阶段的四年学习时间内，至少要有一年时间参加企业实践。人才培养的目的是为社会、为行业、为企业输送合格的（甚至优秀的）人才，因此人才的培养不仅是高校自己的事情，同时也是企业应尽的责任和义务。通过企业的实践过程，学生可以初步了解理论知识在实践中的应用，了解企业的运行状况，了解自身参与工作的性质、特点，并锻炼自身的实践能力和融入企业的能力，为毕业后参加工作奠定基础。

企业专家授课是企业参与人才培养的另一种方式。由于科技的飞速发展，企业之间技术竞争加剧，技术更新和迭代速度加快，新型技术不断涌现，这些技术多掌握在企业手中，并且保持不同程度的密级。高校教师除非直接参与企业相关的技术研究，否则很难得到最新的技术，因此聘请企业专家进行相关课程的讲授，可以将最新的技术带入课堂，传授给学生，保证学生能够学习到行业前沿的知识，掌握技术发展的动态和趋势。企业专家授课的另一个任务是实践环节的指导，在企业实践阶段，由企业技术人员设定具体实践项目，拟定工作任务，并亲自指导解决实践过程中的实际问题，达到真刀真枪训练的目标。

通过企业实践，也可以发掘企业存在的技术问题，并通过学生的探索性研究加以解决，最终完成毕业设计工作。

可以看出，企业培养是卓越人才培养的重要环节，需要与学校的理论教学有机地结合起来。

2.2.2.4 校本教育与校级交流相结合的人才培养模式

卓越工程人才的教育培养既要立足于学校，又要加强与企业的合作，同时还要与国内外其他院校保持持续、良好的合作，相互学习，取长补短，汲取经验，使学生获得最大收益。

现在国家在高等教育方面投入了很大成本，相继推出了双培计划、外培计划等，以此加强学校间的交流合作，并提高普通高等院校的教学质量。普通院校要充分利用好国家的这一政策，推动教学质量的提高。例如，北京印刷学院（以下简称"学校"）机械工程专业与北京交通大学合作，每年选送三名优秀学生赴北京交通大学学习，时长为一年，严格按照北京交通大学的教学要求，与北京交通大学学生同堂上课。学校机械工程专业还加入了"北京市卓越工程师教育培养计划高校联盟"，每年选送一名学生赴法国参加暑期学习，具体内容包括：（1）在预科学校参加预科阶段的工业科学教学与实践体验；（2）在工程师学校参加工程师阶段的教学观摩；（3）与法国企业沟通，了解企业在卓越工程师培养过程中的任务和角色定位。通过为学生提供一系列的学习机会，学生可以更多地接触和了解外部世界，了解重点大学的学习环境与氛围，了解国外优秀企业对卓越工程师的要求，并把先进的理念带回学校，带动其他同学参与到专业学习中。

　　未来学校还要在高校之间推行学分互认的教学管理方法。在同档学校之间，相同或相似的专业开设的专业课程，或公选课、通识课等课程，可以放开学校限制，鼓励学生跨校选课，相互取长补短。普通院校由于办学规模小，同一个专业的师生数量都较少，因此开设的课程受到限制。开设选修课过多，则每门课程选修的人数过少，开课效率过低；但如果开设的课程过少，学生选择的余地又太小，达不到选修的目的，则选修课变成了必修课。开展同档院校间互相选课，学分互认，则可以有效弥补这一缺陷。归纳起来，这种模式主要有以下几个优点：一是可以有效解决学校开设选修课的两难问题；二是可以发挥不同学校的长处，开设教师擅长的课程；三是有利于学生的兴趣发展，找到自己感兴趣的课程；四是有利于逐步形成教师之间以及学校之间的良性竞争机制，逐步提高课程质量。当然，要实施这样的校际合作，需要进一步探讨实施的细则。

2.3　面向卓越工程师培养的课程体系和教学模式创新

　　要实现面向卓越工程师培养的课程体系和教学内容的改革，就要首先搞清楚目前大学教育中存在的主要问题，从而做到有针对性的改革。哈佛大学前校长德里克·博克（Derek Bok）指出，目前大学教育存在着以下几个方面的问题。

　　1. 对大学的角色定位和本科教育的功能有着不同的认识

　　很多教师只是以教学本身为目的，因此时刻准备着探索和传授知识与思想。而大多数学生接受大学教育的目的却与此不同，他们很少认为教学本身就是目的，而更多地将其视为实现其他目标的手段，如变得更成熟、取得事业成功等。这种认识上的差异会导致教师非常重视知识的传授而往往忽略技能教育，认为这些技能训练课程理论水平不高，教育层次相对较低，在实际教学中，或投入不足，或不愿承担相关课程的教学。现在的学生更看重如何赚钱，因此不太可能对知识本身充满热情，他们认为教育的价值主要体现为有助于实现物质方面的成就。有些技能过去一直被认为是与生俱来的或应该自我习得的，如人际交往能力、跨文化交流能力、思维能力、谈判技巧、领导能力等，而大学生对这些能力非常感兴趣，并希望通过大学阶段的学习使得相关能力得到提升。

2. 教师之间缺乏合作

不同领域的教师缺乏机会相互研讨，同一领域的教师没有合作研讨的愿望，教师们各行其是，对讲授的课程进行自我约束和管理，课程之间难以做到有效的衔接，部分内容出现重叠，有些知识点又产生真空。虽然现在教师也有教学团队、科研团队等，但这些团队或为完成教学、科研任务而组成，或仅是岗位聘任的要求，没有在教学上认真进行研讨。部分课程由几位教师共同承担，但这些教师之间的合作默契度不够，更多的是工作量分配的需要。这样的合作对教学质量得到提高没有多大的收获。

3. 忽视教育的目的

在进行任何一项人类活动之前，如果不明确活动目的，就很难做有效规划。但是，在评估教学效果、修订课程体系时，很多人并没有认真关注本科教育的目的应该是什么。有的人重视向学生传授知识，却不重视传授技能；有的人重视技能培养，却不重视学生素质的培养。"师者，传道授业解惑也。"这里的道不仅包含科学原理，也包含道德素养。由于不明确高等教育的目的，所以导致在教学过程中顾此失彼，失之偏颇。

有时我们虽然在理论上认同教育目标，但是对是否有足够的条件实现这些目标却很少考虑，课程的设置不支持教育目标的达成。有些教师只愿意开设自己认为重要的、理论水平高的课程，而不愿意开设技能培养类课程；有时甚至认为某些课程是自己的"奶酪"，别人动不得，不能压缩课时，更不能取消，使教育目标达成时困难重重。

4.忽视教学方法

中小学教师可能非常关注一个知识点如何讲授才能让学生理解掌握。但很多大学教师在教学实践中，关注的往往是学生学习哪些课程内容，但较少关注学生应该如何学习，也很少关注自身应该采取怎样的教学方法。

重教学内容、轻教学方法存在多方面的原因。首先，教师想当然地认为学生能够理解教师所讲授的内容，并能够完全掌握。但是实际上学生很难完全理解教师所讲，记忆的效果和记忆保存的时间也与教师的期望相去甚远。这时，教师往往不是反思在教学过程中采取的方法是否妥当，而是想当然地认为是学生不努力听讲、不认真做习题等，从某种角度来说，也是教师推卸责任的手段。其次，相对来说，课程内容的调整是相对容易的，但课程教学方式的调整则比较难，改变教学方式要比改变教学内容付出更多的努力。教师经过多年的教学积累了丰富的教学经验，也形成了较为成熟的教学方法，要进行改变是比较困难的。但是伴随着互联网等成长起来的一批年轻人，对过去的教学方式难以接受，更喜欢新型游戏化的、电子化的学习方式，这是受众喜好的变化对教师提出的必然要求。现代技术的发展为教学手段的改革做了充足的准备，但这些技术往往需要教师首先接受并学会应用，如MOOC（慕课）、Flipped Learning（翻转式学习）等各种新的教学方式需要我们去学习和应用。

2.3.1　课程体系的改革

卓越计划要求课程体系的构建要重视与国际接轨。这一方面是为了更好地学习和借鉴发达国家先进的教育理念和教育经验，另一方面是为参与国际化的工程认证、得到国际互认打好基础。专业认证是近阶段我国高等教育强力推进的工作，通过专业认证既能够获得国际、国内认可，又可以在国内同专业内获得相应的地位，从而获得相对的优势。构建先进的、合理的、与国际接轨的课程体系要着重做好以下几点工作。

（1）发达国家同类型院校为主要学习和借鉴对象。这是因为，不同类型院校在人才培养目标、定位、规格、模式等方面存在较大的差异，因而可借鉴性差。而同类型院校不仅教育有较大的相似性，而且可比性强，学习和借鉴起来具有较高的可行性和可操作性。

在同一所大学中，艺术设计专业、新闻出版专业和机电工程专业之间的专业属性存在很大的差异，一个专业的成功经验很难复制到另一个专业中，因此参考和借鉴同类专业的课程体系具有更大的价值。

（2）要研究国外同类院校相近学科专业的课程设置、模块设计和课程结构，重点关注每门课程在实现培养目标中的作用、通识教育如何与专业教育相结合、课程模块之间的相互关系和整体作用，以及各种课程的教学方法等。

课程的设置必须与培养目标相一致，能够为培养目标服务，在培养目标分解后，设置的每一门课程或每一个课程群都要为其中某一个或某几个目标任务提供支撑，课程结构体系的构建要保证所有的任务目标都能够达成。所有的目标任务达成时，课程支撑效果应该基本是一致的，重复支撑相同目标任务的课程就有可能重复设置。

（3）要密切关注工程学科的发展动向，把握经济全球化对工程人才的根本要求，了解经济社会迅速发展对工程人才要求的动态变化，构建能够满足国际化和未来需求的科学课程体系，设置融入前沿工程学科知识的课程，保证课程体系的先进性和有效性以及教学内容的前沿性和实践性。

过去一段时间，我国开展了大规模的经济建设，然而由于我国的科技水平与国外存在差距，因此当时高等工程教育的主要任务就是将国外先进的前沿技术进行引进并消化吸收，尽快培养出一批掌握现代先进技术和技能的专业人员，改变我国专业技术人员严重不足、严重制约经济发展的现状。例如，印刷行业引进了国外先进的多色胶印机，但当时行业内对胶印的原理、工艺要求以及印刷机的结构都不了解，能够正确使用和规范操作胶印机的专业人员也很少，能够进行印刷机研发的人员就更少。因此高等院校中相应的印刷工艺、印刷机械专业等主要任务就是讲解胶印原理、典型胶印机的结构原理、印刷机如何正确使用等知识，并面向社会举办各种类型的短期培训班，迅速为社会培养了一支掌握胶印理论和技能的专业队伍，为我国印刷行业的飞速发展提供了保障。

经过几十年的经济发展，我国各领域的科技水平得到了飞速的发展，达到或接近了国际先进水平，部分领域已经稳居于国际领先水平。高等工程教育的主要任务不再是消化吸收国外的先进技术，而是在研究现有技术的基础上，不断进行创新性实践，探索新的技术思路，使产业水平不断提升，这时要求学生开展得更多的是复合型的工作，需要融合不同的专业知识和技能。各国都提出了各自的工业振兴计划，德国提出了"工业 4.0"计划，美国提出了"工业互联网"计划，日本提出了"工业复兴"计划，高等工程教育必须密切关注并紧紧跟随这些热点的变化，及时调整专业课程体系，融入新的发展理念，使培养的专业人才适应国家基本国策的调整。

下面以德国汉诺威应用科学大学机械制造专业和纽伦堡应用技术大学机械工程学科为例，对机械工程专业的课程体系进行简要分析 [2]。

2.3.1.1 汉诺威应用科学大学（HS Hannover）机械制造专业的课程体系

1. 培养目标

该专业对培养目标的描述为："通过建立在科学理论基础上的应用型工程教育，为毕业生在职业生涯中获得成功做准备。根据技术的最新发展，该专业学习致力于传授分析问题、借助合适手段解决问题的基本方法。另外，该专业学习还传授成功的职业生涯所必需的社会、生态和跨学科能力。"

应用型大学在描述培养目标时，具有一些重要且一致的教育理念。例如：

（1）理论应用型：强调科学理论的实际应用，应该能够应用所学专业理论、选择适当的技术手段，解决职业生涯中遇到的相关专业问题。

（2）复合型：大学阶段不仅要学习本专业的系统理论和了解最新技术发展，还要培养相关的社会、生态、跨学科能力。德国的应用科学大学虽然重点培养的是专门型人才，但仍然非常重视跨学科能力的培养。

（3）实践性：非常重视通过项目导向的实验和项目设计传授解决工程问题的方法，并在课程体系中通过实践学期强化实践性。

2. 教学结构

本专业学制共 7 个学期，分为两个学习阶段。第一学习阶段为 3 个学期（表2-5），第二学习阶段为 4 个学期，其中含 1 个实践学期和毕业设计（表 2-6、表 2-7）。第一学习阶段主要学习自然科学基础课和工程基础课；第二学习阶段主要学习工程应用课程和非工程类跨专业课程。这种划分类似于我国的基础教学阶段和专业教学阶段。

3. 专业方向

汉诺威应用科学大学机械制造专业下分两个专业方向，即通用机械制造和自动化制造，两个专业方向的基础学习平台是一致的。专业方向下又细分为专门化，每个学生必须选择 3 个专门化模块。说明该大学在办学理念上进行了部分调整，由原来的专才教育转变为在专才教育的基础上同时拓宽学生的就业适应能力。

4. 课程体系

以课程模块为单位组织教学。其中，在第一学习阶段含 21 个课程模块，共计 81 周学时，90 个学分；第二学习阶段含 18 个课程模块（不含实践环节和毕业设计），共计 68～72 个周学时，90 个学分。从学时数来看，专业课与基础课、专业基础课之间的比例约分别为 46% 和 54%。

5. 实践教学

实践教学环节占总学时的 25%～28%，占总学分的 31%～35%。主要包括第 7 学期的实践环节和毕业设计、第 6 学期的项目设计及贯穿全过程的实验。该专业要求学生入学前应接受过至少 10 周与专业有关的实践训练，其中 6 周必须在入学前完成，其余 4 周在第 3 学期前完成。这 10 周的实践训练并未列入学时和学分计算，因此实践教学环节的实际比重会更大。

表 2-5　德国汉诺威应用科学大学机械制造专业第一学习阶段的模块

课程模块	第 1 学期		第 2 学期		第 3 学期	
	学分	周学时	学分	周学时	学分	周学时
必修模块						
数学 1	6	6				
数学 2			4	4		
数学 3					4	4
物理 1	4	4				
物理 2			2	2	2	1
化学					2	2
信息学			2	2	4	2
工程力学 1	6	6				
工程力学 2			4	4		
工程力学 3					4	4

课程模块	第 1 学期		第 2 学期		第 3 学期	
	学分	周学时	学分	周学时	学分	周学时
流体力学					2	2
电子技术	6	5	2	1		
能源学					4	4
材料学 1	4	4				
材料学 2			4	3		
设计 1	2	2	4	2		
设计 2			4	4		
设计 3					6	5
制造 1	2	2				
制造 2			4	4		
法学					2	2
小计	30	29	30	26	30	26

表 2-6　德国汉诺威应用科学大学机械制造专业通用机械制造专业方向第二学习阶段的模块

课程模块	第 4 学期		第 5 学期		第 6 学期		第 7 学期	
	学分	周学时	学分	周学时	学分	周学时	学分	周学时
必修模块								
测量—控制—调节 1	6	5						
测量—控制—调节 2			6	4				
制造技术 1	4	4						
工程应用 1	4	4						
工程应用 2	2	2	2	2				
企业学					4	4		
综合素质			2	2	2	2		
通用机械制造专业方向模块								

续表

课程模块	第4学期		第5学期		第6学期		第7学期	
	学分	周学时	学分	周学时	学分	周学时	学分	周学时
设计4	6	4	2	1				
有限元方法1			4	3				
输送及操作技术	4	4						
活塞机械			4	3				
流体机械			4	3				
能源学2	4	4						
运动学1			6	4				
项目教学					6	2		
专门化模块								
专门化1					6	5		
专门化2					6	5		
专门化3					6	5		
实践期							18	
论文							12	
小计	30	27	30	22	30	23	30	

表2-7 德国汉诺威应用科学大学机械制造专业自动化专业方向第二学习阶段的模块

课程模块	第4学期		第5学期		第6学期		第7学期	
	学分	周学时	学分	周学时	学分	周学时	学分	周学时
必修模块								
测量－控制－调节1	6	5						
测量－控制－调节2			4	2				
制造技术1	4	4						

续表

课程模块	第 4 学期		第 5 学期		第 6 学期		第 7 学期	
	学分	周学时	学分	周学时	学分	周学时	学分	周学时
机床			4	3				
企业学			4	4				
经济制造					4	4		
综合素质					4	4		
自动化专业方向模块								
CAD/CAM 技术 1	4	2						
CAD/CAM 技术 2			6	2				
输送及操作技术	4	4						
CNC 技术 1	4	3						
CNC 技术 2			4	3				
工装夹具	4							
一体化生产方法					4	4		
劳动科学	4	2	2	1				
项目教学					6	2		
专门化模块								
专门化 1			6	5				
专门化 2					6	5		
专门化 3					6	5		
实践期							18	
论文							12	
合计	30	24	30	20	30	24	30	

2.3.1.2　德国纽伦堡应用技术大学（TH Nüernberg）机械工程学科的课程体系

该专业采用分段式教学，即每一阶段都要通过严格的考试，才能进入下一阶段学习，并适当淘汰。四年的学制分为基础学习、专业基础学习和专业方向3个阶段。基础学习阶段包括两个理论教学学期（第1、第2学期）和1个校外实习学期（第3学期）；专业技术学习阶段也包括两个理论教学学期（第4、第5学期）和1个校外实习学期（第6学期）；专业方向学习阶段包括第7、第8两个理论教学学期，学生可以根据不同专业方向选修相应课程并完成毕业设计（论文）。该机械工程学科设有通用机械、动力工程、车辆工程、制造技术和产品开发5个专业方向，各专业方向前3年所学课程完全相同，只是在第4年才分专业方向开设课程，但各专业方向仍有近2/3的课程是相同的。

1. 基础学习阶段（表2-8、表2-9）

在进入大学之前，学生必须完成6周时间的相关专业实习。

在第1、第2学期主要安排基础课程，课程安排比较饱满，周课时分别达到32学时和28学时。习题课约占总课时的1/3左右，以帮助学生消化、理解和巩固所学理论知识，有少数课程甚至以习题课为主，如画法几何、机械设计等。

表2-8　德国纽伦堡应用技术大学机械工程学科第1、第2学期课程及学时分配

编号	课程名称	学期·周学时	第1学期			第2学期		
			讲授	习题课	实验	讲授	习题课	实验
1	工程师数学 *	12	6			6		
2	化学	2	2					
3	应用物理 *	5	2			2		1
4	工程力学 *	8	3	1		2	2	
5	材料力学 *	7	2	2		2	1	
6	画法几何	2		2				
7	金属材料 *	5	4	1				
8.1	机械零件 I*	4				2	2	
9.1	机械设计	7	1	3			3	
10.1	电工基础	3	3					
11.1	工程师信息技术 I	3				2	1	

续表

编号	课程名称	学期·周学时	第 1 学期			第 2 学期		
			讲授	习题课	实验	讲授	习题课	实验
25	公共必修课	2				2		
	合计	60	23	9		18	9	1
			32			28		

注：(* 课程为主干课)

第 3 学期为 1 个实习学期，时间为 20 周，每周 5 个工作日，其中 4 天在企业现场实习，周五为理论课学习时间。理论课是与实习相关的专题讲座、专题讨论课或理论课程，如生产组织与工业企业管理、劳动与健康保护等。其学时分配、教学方式及考核方式见表 2-9。进入第 3 学期的前提条件是：在表 2-8 中所列出的 6 门主干课程（加 "*" 号）至少通过了 4 门课程考核。

表 2-9　德国纽伦堡应用技术大学机械工程学科第 3 学期
与实习相关的专题讲座和课程及学时分配

编号	课程名称	学期·周学时	教学方式	考核方式
22.1.1	实习专题讲座或讨论课	2	专题讲座或讨论	根据讨论发言情况
22.2	生产组织与工业企业管理	2	讲授	30 分钟课堂测验
22.3	劳动与健康保护	2	讲授	30 分钟课堂测验
	合计		6	

本学期学生进行实习有以下几个目的：

（1）熟悉各种加工方法和加工设备，能加工什么，如何加工。

（2）熟悉机械制造厂用材料的加工性能、使用性能及应用领域。

（3）了解企业实际生产过程中技术与生产组织之间的关系。

（4）了解企业工作环境，包括人际关系处理、分工协作等。

实习内容及时间分配如下：

（1）零件加工与处理（4～10 周）。

（2）机器设备装配与调整（2～8 周）。

（3）机器设备运行与维护（2～8 周）。

（4）零件和机器设备试验与测量（2～8周）。

学生必须完成第（1）项实习内容，并在第（2）～（4）项中至少选择一项。

实习阶段考核内容和方式包括：实习报告、实习企业出具的实习表现鉴定材料以及与实习相关的课程考核，三项均达到合格要求的实习学期总评成绩才能合格。

2.专业基础学习阶段（表2-10、表2-11）

只有在基础学习阶段至少通过6门主干课程中的5门，并且在第3学期总评成绩合格的学生才能转入专业基础学习阶段。第4学期共9门课程，周学时为32学时，其中讲授20学时，习题课为8学时，实验课为4学时；第5学期同样为9门课程，周学时为29学时，其中讲授23学时，习题课为3学时，实验课为3学时。结合第1、第2学期，可以看出，与国内相关专业相比，习题课数量较大，保证了学生对所学课程能够完全掌握，但并不是每门课程都安排实验，只有确实需要实验的课程才开设实验，但有些课程，如无切削加工成型，在第4学期则完全是以实验课的形式来进行。

表2-10　德国纽伦堡应用技术大学机械工程学科第4、第5学期课程及学时分配

编号	课程名称	学期·周学时	第4学期			第5学期		
			讲授	习题课	实验	讲授	习题课	实验
8.2	机械零件 II*	6	4	2				
9.2	机械设计 II	6		3			3	
10.2	电子及微处理器技术	3	2	1				
1.3	电力拖动	3				2		1
11.2	工程师信息技术 II*	3	2	1				
11.3	数值方法	2				2		
12	工程流体力学*	4				4		
13	传热学	2				2		
14	工程热力学*	5	4	1		4		
15	机器动力学*	4	4					
16	塑料工程	3				3		

编号	课程名称	学期·周学时	第 4 学期			第 5 学期		
			讲授	习题课	实验	讲授	习题课	实验
17.1	无切削成型加工	4			2	2		
17.2	切削加工	2				2		
18	测量技术 *	4	2		2			
19	控制技术 *	6	2					2
合计		57	20	8	4	23	3	3
			32			29		

第 6 学期为实践学期，时间为 20 周，每周 5 个工作日，其中 4 天在企业现场实习，周五参加与实习相关的讲座、专题讨论或理论课程，如企业经济学、法律等。其学时分配、教学方式及考核方式见表 2-11。进入第 6 学期的前提条件是：在表 2-10 中所列出的 7 门主干课程（加 "*" 号）至少通过了 5 门课程的考核。

表 2-11　德国纽伦堡应用技术大学机械工程学科第 6 学期课程及学时分配

编号	课程名称	学期·周学时	教学方式	考核方式
22.1.2	实习专题讲座或讨论会	2	专题讲座或讨论	根据讨论发言情况
22.4	企业经济学	2	讲授	30 分钟课堂测验
22.5	法律	2	讲授	30 分钟课堂测验
合计			6	

本学期学生进行实习的目的是：

（1）对学生进行工程师的基本训练，让学生熟悉工程师岗位的实际工作情况。

（2）培养学会运用所学知识，解决企业实际问题的能力；让学生熟悉处理问题的工作过程和方法。

（3）使学生在处理实际问题及作出决策时能够综合考虑技术和经济两方面因素等。

实习内容包括：

（1）产品开发、规划与设计。

（2）加工工艺、加工设备和加工控制。

（3）机器设备的安装、调试、运行与维护。

（4）机器设备的测试与验收。

（5）销售、售后服务和技术咨询等。

要求学生从上述实习内容中最多选择 3 项。实习阶段考核内容和方式包括：实习报告、实习企业出具的实习表现鉴定材料以及与实习相关的课程考核，三项均达到合格要求的实习学期总评成绩才能合格，与第 3 学期完全相同。

3. 专业方向学习阶段

从第 7 学期开始分专业方向开设课程。该学校机械工程学科设置了通用机械工程、动力工程、车辆工程、制造技术和产品开发 5 个专业方向。表 2-12、表 2-13 分别是通用机械工程和车辆工程两个专业方向在第 7、第 8 学期开设的课程及学时分配情况。

表 2-12　德国纽伦堡应用技术大学机械工程学科第 7、第 8 学期课程及学时分配
（通用机械工程专业方向）

编号	课程名称	第 7 学期			第 8 学期			
		讲授	习题课	实验	讲授	习题课	实验	论文
20	机械工程实习						2	
21	毕业设计（论文）							4
A24.1	涡轮发动机 *	4						
A24.2	液压传动 *				2			
A24.3	活塞发动机 *	4						
A24.4	机床 *	4						
A24.5	传输及物流工程 *	4						
A24.6	自动化技术 *	2		1				

续表

编号	课程名称	第 7 学期			第 8 学期			
		讲授	习题课	实验	讲授	习题课	实验	论文
A24.7	工程动力学 *	2						
A24.8	振动与噪声控制技术							
A24.10	质量管理 *	3		1				
A24.11.1	技术必选课 I	2						
A24.11.2	技术必选课 II							
A24.12	计算机辅助设计		3					
A24.19	有限元与仿真技术							
25.1	公共必选课 I	2						
25.2	公共必选课 II							
合计		27	3	2	2		2	4
		32			8			

表 2-13 德国纽伦堡应用技术大学机械工程学科第 7、第 8 学期课程及学时分配
（车辆工程专业方向）

编号	课程名称	第 7 学期			第 8 学期			
		讲授	习题课	实验	讲授	习题课	实验	论文
20	机械工程实习						2	
21	毕业设计（论文）							4
Fz24.1	涡轮发动机 *	4						
FZ24.2	液压传动 *				2			
FZ24.3	活塞发动机 *	4						

续表

编号	课程名称	第 7 学期			第 8 学期			
		讲授	习题课	实验	讲授	习题课	实验	论文
FZ24.7	工程动力学 *	2						
FZ24.8	振动与噪声控制技术				2		2	
FZ24.11.1	技术必选课 I	2						
FZ24.11.2	技术必选课 II				2			
FZ24.12	车辆工程设计		3					
FZ24.13	空气动力学及空洞实验	2		1				
FZ24.14	有限元法用于汽车轻量化设计 *	3		1				
FZ24.15	道路与轨道车辆	6						
FZ24.16	汽车模拟与道路实验				2	1	2	
25.1	公共必选课 I	2						
25.2	公共必选课 II				2			
合计		25	3	2	10	1	6	4
		30			21			

　　纽伦堡应用技术大学机械工程学科具有非常明显的拓宽基础、淡化专业界限的特点。对比通用机械工程和车辆工程两个专业方向发现，在分专业方向后开设的 17 门课程中有 11 门是相同的，真正不同的课程只有 6 门，仅占 35.2%。

2.3.2　北京印刷学院机械工程专业的课程体系

　　北京印刷学院机械工程专业经过几十年的建设发展，形成了具有自身特点的课程体系，结合卓越工程师计划，又对课程进行了进一步改革探索。课程以四个学年八个学期为一个学习周期循环进行，学生可实行弹性学制进行学习。

1. 基础学习阶段

学生在第 1、第 2 学期以学习基础理论课程和基础实践课程为主，目的是积累解决实际工程问题的必要理论知识、素质、能力和基本实践技能。开设的课程如表 2-14 所示。

表 2-14　北京印刷学院机械工程专业第 1、第 2 学期理论课程及学时分配

课程名称	总学时	周学时	第 1 学期		第 2 学期	
			讲授	实践 / 实验 / 上机	讲授	实践 / 实验 / 上机
大学英语一级	64	4	64			
体育 -1	32	2	32			
思想道德修养与法律基础	48	2	32	16		
高等数学 I-1	96	6	96			
*工程图学 I-1	64	4	40	24		
机械工程导论	32	2	32			
大学英语二级	64	4			64	
体育 -2	32	1			32	
中国近现代史纲要	32	2			28	4
高等数学 I-2	64	4			64	
线性代数	48	3			48	
大学物理 I-1	64	4			52	12
大学物理实验 I-1	30	3				30
*工程图学 I-2	64	4			40	24

第 1 学年要进行工程图学测绘、金工实习等实践环节，总周数为 5 周（表 2-15）。其中工程图学测绘为学习工程图学课程后进行的实践活动；金工实习为进行常规机械加工训练。

本学年学生进行实践环节有以下几个目的：

（1）熟练使用绘图工具对机械零件进行三维设计表达。

（2）熟悉各种加工方法和加工设备，能加工什么，怎么加工。

（3）熟悉机械制造厂用材料的加工性能、使用性能及应用领域。

实习阶段考核内容和方式包括：报告、企业出具的表现鉴定材料等，两项均达到合格要求的实习学期总评成绩才能合格。

表 2-15　北京印刷学院机械工程专业第 1、第 2 学期实践课程及学时分配

课程名称	总周数	第 1 学期		第 2 学期	
		集中进行	分散进行	集中进行	分散进行
工程图学测绘	2			2	
金工实习	3	1		1	1

2. 专业基础学习阶段

学生在第 3、第 4 学期以学习专业基础理论课程和专业基础实践课程为主，目的是积累专业理论知识、科学素养、实验探索能力和综合运用能力（表 2-16）。开设的专业基础课主要有电工电子学、工程力学、工程材料与成型技术、控制工程基础、机械原理、单片机原理与接口技术、机械工程测试技术等。课程设置的特点是强调理论学习与实验探索相结合，着重培养学生的科学素养，因此很多课程都配置了大量的实验学时。

表 2-16　北京印刷学院机械工程专业第 3、第 4 学期理论课程及学时分配

课程名称	总学时	周学时	第 3 学期		第 4 学期	
			讲授	实验 / 上机	讲授	实验 / 上机
大学英语三级	64	4	64			
体育 -3	32	2	32			
马克思主义基本原理	48	2	32	16		
电工电子学	64	4	52	12		
工程力学 -1	64	4	64			
工程材料及成型技术	64	4	54	10		
大学物理 I-2	32	2	32			

续表

课程名称	总学时	周学时	第 3 学期		第 4 学期	
			讲授	实验 / 上机	讲授	实验 / 上机
大学物理实验 I-2	30	3		30		
控制工程基础	32	2	26	6		
VB 语言程序设计	48	3	30	18		
大学英语四级	64	4			64	
体育 -4	32	2			32	
毛泽东思想和中国特色社会主义理论体系概论 I	48	2			32	16
概率论与数理统计	48	4			48	
*工程力学 -2	64	4			54	10
*机械原理	56	4			48	8
单片机原理与接口技术	32	4			26	6
机械工程测试技术	32	4			24	8

第 2 学年要进行印刷工艺实习、电子工艺实习及机械原理课程设计等实践环节，总周数为 5 周（表 2-17）。

本学年学生进行实践环节有以下目的：

（1）了解印刷企业的运行特点和生产工艺流程。

（2）对学生进行工程师的基本训练，让学生熟悉工程师岗位的实际工作情况。

表 2-17　北京印刷学院机械工程专业第 3、第 4 学期实践课程及学时分配

课程名称	总周数	第 3 学期		第 4 学期	
		集中进行	分散进行	集中进行	分散进行
印刷工艺实习	2	1			
电子工艺实习	1			1	
机械原理课程设计	2			2	

3. 专业方向学习阶段

学生在第 5、第 6 学期以学习专业理论课程和专业实践课程为主，分为数字化设计技术、数字化制造技术、生产运营管理三个专业方向，各方向除了要学习公共课程之外，还需要学习本专业方向的相应课程（表 2-18）。

表 2-18　北京印刷学院机械工程专业第 5、第 6 学期理论课程及学时分配

课程名称	总学时	周学时	第 5 学期		第 6 学期	
			讲授	实验 / 上机	讲授	实验 / 上机
毛泽东思想和中国特色社会主义理论体系概论 II	48	2	32	16		
机械设计	56	4	48	8		
机械制造工程与技术	64	4	54	10		
机电传动与控制	64	4	54	10		
数控技术基础	32	4	24	8		
液压传动与气动技术	40	4	32	8		
机械优化与仿真设计	32	2	20	12		
印刷机械设计	32	2			28	4
印品质量检测	32	2			28	4
印后设备	32	2			28	4
设备维护与管理	32	2			28	4
机械创新设计	32	4			32	
计算机辅助设计	32	4			32	
机械系统设计	32	4			32	
计算机辅助工程	32	4			32	
数控加工技术	32	4			32	
特种加工技术	32	4			32	
计算机辅助制造	32	4			32	
3D 打印与数字印刷技术	32	4			32	

续表

课程名称	总学时	周学时	第 5 学期		第 6 学期	
			讲授	实验/上机	讲授	实验/上机
企业资源管理	32	4			32	
生产运作管理	32	4			32	
工程项目管理	32	4			32	
设备管理营销	32	4			32	
企业专家集中授课	32	4			32	16

第 3 学年要进行印刷设备实习、机械创新实践、机械设计、课程设计等实践环节，总周数为 7 周（表 2-19）。

本学年学生进行实践环节有以下目的：

（1）熟悉印刷设备的类型与配置，了解印刷设备与生产任务的匹配关系。

（2）对学生进行工程创新训练，培养学生的创新意识与创新能力。

（3）培养学会运行所学知识，解决企业实际问题的能力；让学生熟悉处理问题的工作过程和方法。

表 2-19　北京印刷学院机械工程专业第 5、第 6 学期实践课程及学时分配

课程名称	总周数	第 5 学期		第 6 学期	
		集中进行	分散进行	集中进行	分散进行
印刷设备实习	1	1			
机械创新实践	3	1			2
机械设计课程设计	3			3	

4. 综合实践阶段

学生在第 7、第 8 学期主要以从事综合实践为主，主要为综合实践教育、企业工程实践和工程项目训练等训练内容（表 2-20）。训练内容包括产品开发、规划与设计；加工工艺、加工设备和加工控制；机器设备的安装、调试、运行与维护；机器设备的测试与验收；销售、售后服务和技术咨询等。主要目的为：

（1）了解企业实际生产过程中技术与生产组织之间的关系。

（2）了解企业工作环境，包括人际关系处理、分工协作等。

（3）使学生在处理实际问题及作出决策时能够综合考虑技术和经济两方面因素等。

表 2-20　北京印刷学院机械工程专业第 7、第 8 学期课程及学时分配

课程名称	总周数	第 7 学期		第 8 学期	
		集中进行	分散进行	集中进行	分散进行
综合实践教育	4	4			
企业工程实践	14	14			
工程项目训练	16			16	

2.3.3　课程设置中存在的主要问题

目前机械工程专业在建设课程体系过程中，强调了对学生实践能力的培养，因此增强了实践学时，保证了一年的企业工程实践，同时还增加了课内实验课时。但是课程体系中仍然存在很多问题需要解决。

1. 课程需要进一步整合

针对课程设置的讨论一直没有停止，很多学校都在进行各种探索，比如将机械原理与机械设计合并，将机械加工与互换性及技术测量等课程合并，将工程材料与冷热处理等课程合并等。

在课程整合和优化的过程中，一方面要考虑知识的发展，根据技术进步的需要进行知识更新；另一方面课程在内容上也要有所取舍。当前机械工程学科比较热的机器人、智能制造等领域需要大量新型的交叉学科知识，这就要求专业建设中必须考虑淘汰部分落后的、陈旧的知识，或者将部分课程作为选修内容，以便适应新工科建设的需要。

随着计算机技术、信息技术、控制技术等新技术的出现，有些专业技术问题可以采用新的技术手段得到更好的解决，旧的方法介绍则可以适当进行删减。

课程的设置还要考虑到专业融合的问题。很多学校在进行课程设置时有弱化

专业的趋势，更强调专业之间的相互交叉和相互融合，以满足复合型人才的培养
需要。

2. 课程质量需要进一步提高

课程内容调整以后，如何提高课程的质量就成为主要任务。课程质量不仅包
括课堂质量，还包括习题、实践、考试等各个环节，构成课程学习的综合性评价。

目前，信息技术对课程改革产生了积极的推动作用，各类成果应用与教学活
动中，如智慧课堂系统，改变了传统意义上课堂的组织形式，促进了启发式教学、
翻转课堂等一系列新型教学活动形式的出现。

慕课的出现为课程质量的提高提供了很大的帮助。"慕课"是英文"MOOC"
（Massive Open Online Courses）的译音，即大型开放式网络课程，最早于 2012 年
出现在美国，一些顶尖的美国大学陆续设立网络学习平台，在网上提供免费课程，
Coursera、Udacity、edX 三大课程提供商的兴起，给更多学生提供了系统学习的机会，
随后世界各地知名大学纷纷效仿。我国的清华大学、北京大学部分老师于 2013 年
将部分课程搬上 edX，同年复旦大学、上海交通大学也与 Coursera 正式签约。慕
课具有以下特点，决定了其一出现就席卷了全球，成为各类教育的重要形式。

（1）工具资源多元化：MOOC 课程整合多种社交网络工具和多种形式的数
字化资源，形成多元化的学习工具和丰富的课程资源。

（2）课程易于使用：突破传统课程时间、空间的限制，依托互联网世界各地
的学习者在家即可学到国内外著名高校课程。

（3）课程受众面广：突破传统课程人数限制，能够满足大规模课程学习者学习。

（4）课程参与自主性：MOOC 课程具有较高的入学率，同时也具有较高的
辍学率，这就需要学习者具有较强的自主学习能力才能按时完成课程学习内容。

国外的开放课程几乎都是在本校内受欢迎的课程，教授也几乎都是在本领域
颇有建树的专家。斯坦福大学校长约翰·L. 汉尼希（John L. Hennessy）在最近
的一篇评论文章中解释说："由学界大师在堂授课的小班课程依然保持其高水
准。但与此同时，网络课程也被证明是一种高效的学习方式。如果和大课相比的
话，更是如此。"

在这个网络时代，时间和空间的隔阂，都无法再成为阻止你去学习的原因。
终身学习将变得越来越容易和便捷，爱学习和会学习的人将能更好地进行自我培

训。"有了慕课，任何时间都是学习的好时候。"

对于普通院校的师生来说，MOOC 为我们提供了更多的接近大师、接受大师教诲的机会，为提高课程的质量提供了很大的帮助。

微课则是信息技术驱动的另一种课程形式。"微课"的核心组成内容是课堂教学视频（课例片段），同时还包含与该教学主题相关的教学设计、素材课件、教学反思、练习测试及学生反馈、教师点评等辅助性教学资源，它们以一定的组织关系和呈现方式共同"营造"了一个半结构化、主题式的资源单元应用"小环境"。因此，"微课"既有别于传统单一资源类型的教学课例、教学课件、教学设计、教学反思等教学资源，又是在其基础上继承和发展起来的一种新型教学资源。

微课只讲授一两个知识点，没有复杂的课程体系，也没有众多的教学目标与教学对象，看似没有系统性和全面性，许多人称之为"碎片化"。但是微课是针对特定的目标人群、传递特定的知识内容的，一个微课自身仍然需要系统性，一组微课所表达的知识仍然需要全面性。微课的特征有：

（1）主持人讲授性。主持人可以出镜，也可以画外音。

（2）流媒体播放性。可以视频、动画等基于网络流媒体播放。

（3）教学时间较短。5～10分钟为宜，最少的1～2分钟，最长不宜超过20分钟。

（4）教学内容较少。突出某个学科知识点或技能点。

（5）资源容量较小。适于基于移动设备的移动学习。

（6）精致教学设计。完全的、精心的信息化教学设计。

（7）经典示范案例。真实的、具体的、典型案例化的教与学情景。

（8）自主学习为主。供学习者自主学习的课程，是一对一的学习。

（9）制作简便实用。多种途径和设备制作，以实用为宗旨。

（10）配套相关材料。微课需要配套相关的练习、资源及评价方法。

随着信息与通信技术快速发展，与当前广泛应用的众多社会性工具软件一样，微课也将具有十分广阔的教育应用前景。对教师而言，微课将革新传统的教学与教研方式，突破教师传统的听评课模式，教师的电子备课、课堂教学和课后反思的资源应用将更具有针对性和实效性，基于微课资源库的校本研修、区域网络教研将大有作为，并成为教师专业成长的重要途径之一。对于学生而言，微课能更好地满足学生对不同学科知识点的个性化学习、按需选择学习，既可查漏补缺又能强化巩固知识，是传统课堂学习的一种重要补充和拓展资源。特别是随着手持移动数码产品和无线网络的普及，基于微课的移动学习、远程学习、在线学习、"泛在学习"将会越来越普及，微课必将成为一种新型的教学模式和学习方式，更是一种可以让学生自主学习、进行探究性学习的平台。

3. 实践教学环节运行效果有待进一步提高

重视实践教学一直是机械工程专业的突出特点。在四年的培养方案中，实践教学贯穿了全部教学过程。但是，实践教学体系的构建仍不完善，各个环节没有形成相互的支持和保障。

广义的实践教学体系是一种有机的整体，包含了目标体系、内容体系、管理体系、保障体系 4 个子体系。各个子体系之间围绕总体目标，既要体现各自的作用，又要相互辅助、与时俱进，以实现实践教学的总体目标。我们在培养方案中使用的实践教学体系则是狭义的实践教学体系，特指实践教学体系中的"内容体系"，主要强调以下几个方面：

（1）紧紧围绕培养目标制订教学计划；

（2）以学生为中心设置实践教学环节，规划每一个教学单元的教学内容；

（3）强调构建与理论教学体系互补的实践教学内容体系。

以此来衡量，可以发现我们的实践教学体系同样也是围绕内容体系开展的，在目标体系、管理体系、保障体系等方面存在较大的差距。

4. 创新能力培养措施较为单一

创新能力的培养是卓越计划强调的核心任务之一。创新能力的培养要贯穿于整个教学过程中，而不是由某一个单一的教学环节来实现的。

课堂教学环节仍然以知识点的讲解为主，重在对理论的传授和学习，在鼓励和启发学生发现问题、思考问题、解决问题等方面仍然存在较大的差距。学生被动接受知识，且难以在全部教学过程中跟上老师的节奏，导致教学效果不佳，学生学习兴趣降低。

实验教学环节由于教学资源、实验环境等多方面因素的制约，也没有达到预期目标。部分综合性、设计性实验由于学生准备不足，变成了验证性实验，创新性设计能力没有得到锻炼。

2.4　胜任卓越工程师培养的教师队伍

2.4.1　教师队伍的能力素质

卓越工程师培养对工科教师提出了新的、更高的要求。工科教师的整体素质直接关系到卓越工程师培养的质量。虽然工科教师在学生时期已经接受了系统的工程科技教育和基本的工程训练，并在担任教师期间通过科研和社会服务积累了一定的工程实践经验，但是这远远不能满足卓越工程师培养的需要。从事工程教育的教师除了要具备其他工科教师应具有的素质以外，还必须具备工程学科需要的专业素质，也就是说，参与卓越工程师培养的工科教师不仅要具备大学教师的基本素质，还应具备基本的行业企业工程师拥有的专业素质，即通常所说的"双师型教师"，其主要特点是知识渊博、工程经历丰富、工程能力强、教学水平高、综合素质高。

对参与卓越工程师培养的工科教师的要求可以分为教师基本要求和工程能力要求两个方面。

2.4.1.1　对工科教师的基本要求

1. 知识面

工科教师应该拥有丰富的专业知识，并具备扎实的知识获取能力、知识应用能力以及创新能力，在不断更新既有知识的基础上，扩大自身的知识面。这就要求工科教师不仅要掌握本专业领域的相关知识和国内外的最新进展，了解相关的技术标准、政策和法规，而且要熟悉相关学科领域如信息学科、经济管理、人文学科、社会学科等其他学科的专业知识，还要关注新型、交叉、边缘学科，尤其是与本学科专业领域相关的战略性新兴产业的发展情况。

由于卓越计划是对原有课程体系和教学内容的全面改革，因此要求工科教师不能仅局限于对自己任教的课程知识的狭窄范围内，而要对课程群乃至整个课程体系都能够熟识。

2. 工程实践经历

工科教师，特别是培养运行工程师、现场工程师的教师，应该熟悉工程现场的运作方式和管理模式，了解先进工程设备和技术的使用，掌握应对实际工程问题的有效方式，积累丰富的解决工程问题的经验，同时与工业企业保持密切的合作关系。工程实践经历对工科教师的重要性体现在以下三个方面：

第一，使教师形成良好的工程素养。通过工程实践掌握工程概念、工程常识和工程原理，熟悉用工程思维的方法思考和分析各种工程问题，学会选择在工程实践中用行之有效的方法解决实际工程问题。

第二，使教师具备担任工科教师的基本条件。工程实践经历使得教师在课程体系改革、教学内容选择、教学方式的采用等方面更能够从卓越工程师培养的需要入手，也更能够实现卓越人才培养的目标。

第三，为教师获得工程能力打下基础。通过工程实践经历可以使教师拥有工程能力，并不断提升自身的职业素质。

3. 工程教育教学能力

工科教师的工程教育能力主要体现在以下五个方面：

第一，先进的工程教育理念。树立以创新为核心的教育思想，把培养和提升学生的创新意识与创新能力作为卓越工程教育的重要内容，引导学生由继承型学习走向探究型学习。

第二，良好的工程教育研究能力。善于发现和解决工程教育中遇到的各种问题，研究工程教育的先进思想和教育方法。

第三，显著的工程教学学术水平。能够将高深晦涩的理论知识通过适当的教学方式，转化为浅显易懂的知识传授给学生，通过项目、案例或问题等将工程实际与理论学习密切结合起来，使学生能够利用这些知识解决实际问题。

第四，突出的工程实践教学能力。通过指导学生开展实验、实践及科学研究活动，使学生提升实际动手能力、工程实践能力、工程研究能力等。

第五，娴熟的教学组织和管理能力。能够根据实际情况，采取灵活有效的组织形式和管理手段开展教学活动，获得理想的教学效果。

4. 敬业精神和职业道德

敬业精神和职业道德是教师完成卓越工程师培养的意志信念和行为准则，主要反映在以下四个方面：

第一，强烈的事业心和责任感。热忱于工程教育工作，将教书育人作为自己的事业，将人才培养作为自己的神圣使命。

第二，严谨求实的科学态度和精益求精的工作作风。对待工作一丝不苟，尽职尽责，将提高人才培养质量作为自己的工作目标。

第三，勇于探索的治学精神和追求卓越的创新意识。善于批判性思维，不断寻求教学上的转变和突破，积极开展人才培养模式的改革和创新。

第四，为人师表的行为举止和言传身教的育人风范。要有健康的心理素质、高尚的人格品味、宽阔的心胸气量和坚定的理想信念，成为学生道德素养方面的楷模。

2.4.1.2　对工科教师的工程能力要求

工科教师除了应具备上述基本条件之外，还应具备以下几个方面的能力。

1. 扎实的工程设计开发能力

对于不同层次的卓越工程师，在工程设计开发能力方面的要求有所不同。相对而言，研究工程师、设计工程师要求具备较强的工程设计开发能力，而生产工程师和服务工程师则只要具备初步的工程设计开发能力即可，但不论是哪类工程师，对工程设计开发能力都具有一定的要求，因此要求相关的教师必须具有很强的设计开发能力，具体而言，应该具备以下五个条件：

（1）工程实践经历丰富，工程实践能力强，承担过来自企业的实际工程设计开发任务；

（2）熟悉新材料、新工艺、新设备以及先进制造技术、先进工程技术等；

（3）具有现代工程设计理念，掌握先进的工程设计、开发的方法和技术手段；

（4）具有独立主持和承担复杂工程项目的设计或按照市场需要打开新产品的能力；

（5）能够处理好工业产品、工程项目与环境保护、生态平衡、社会和谐以及可持续发展的关系。

2. 卓越的工程技术创新能力

卓越计划的一项重要任务就是要培养学生的创新意识与创新能力，因此工科教师必须具备工程技术创新能力，这种能力主要体现在三个方面：

（1）具有强烈的创新意识和创新精神，追求标新立异；

（2）及时掌握工程科技的前沿领域和发展方向；

（3）具有相关学科以及交叉学科、新兴学科和边缘学科的广博知识。

3. 突出的工程科学研究能力

工科教师的工程科学研究能力主要体现在以下三个方面：

（1）系统地进行过科学研究的训练，主持或参与过工程项目的研究；

（2）具有多学科专业知识和良好的工程创新能力；

（3）能够将现代科学技术应用于解决工程问题。

2.4.2　工程教师队伍的建设

要完成卓越工程师的人才培养，就需要合格的工程教师队伍，因此必须加强对教师队伍的建设，才能使工程教师具备上述能力素质。在工程教师的建设方面，主要包括专职教师队伍的建设和兼职教师队伍的建设。

2.4.2.1　专职教师队伍的建设

加强对学校的专职教师的培养，使教师具备相应的工程能力。要通过一系列的政策引导，使现有教师在工程实践能力、工程教育教学能力、工程设计开发能力、工程创新能力以及工程科学研究能力等各方面都得以提高。

（1）不仅要鼓励教师开展基础科学的研究，更要鼓励教师开展应用性研究和技术开发、产品开发等项目研究。国家级、省部级纵向课题固然重要，但横向合作课题同样也很重要，需要从政策上加以引导和保障。

北京印刷学院机械工程专业教师承担了大量的科研任务，其中有很多属于国家级、省部级科研项目，如国家自然基金项目、北京市科学技术委员会项目等，也有很多是横向课题，为企业获得了技术提升和经济效益，有些还获得了科技进步奖等，如"数字节能模切机关键技术研究及其应用"项目成果获得中国机械工业科学技术奖三等奖和中国机械制造工艺科技成果奖三等奖。

（2）建立定期选送青年教师进行实习锻炼的制度，使教师了解和熟悉企业的生产运作方式，掌握企业实际运行过程中发现生产故障的途径、处理问题的方法、解决问题的手段以及提高生产效率的措施等。

加强校企合作，不仅是为学生提供实习场所，也是为了通过联合培养，提高教师的工程能力。因此校企合作的形式多种多样，合作的层次也可以有所不同，如可以与企业的生产部门合作，为师生提供实习机会；也可以与设计开发部门合作，开展产品开发；或者与研究机构合作，探索行业前沿技术，或对教师研究的成果实现转化等。

北京印刷学院机械工程专业通过大量的探索实践，形成自身独特而有效的校企合作模式，建立了数十家校外实习基地，这些企业不仅接收学生实习，也承担青年教师进修培训的任务，近年来每年都有青年教师赴企业锻炼，提高了实践能力。青年教师普遍学历高、理论层次高，但由于接触工程实际机会较少，所以在从事工程研究及卓越工程师教学时存在短板，通过企业实习锻炼，提高了实际能力和水平，适应了卓越工程师培养的要求。

2.4.2.2 兼职教师队伍的建设

针对当前高校普遍存在的满足卓越工程师培养的工程教师不足的问题，除了立足于培养和提高以外，还可以采取聘请兼职教师的办法来解决。特别是对于实践性较强的课程或教学环节来说，聘请兼职教师对提高教学效果非常有益。兼职教师与专职教师相比，主要的优势在于其丰富的实践经验、卓越的工程能力和领先的技术优势，这些人不仅具有很强的工程集成和工程创新能力，还掌握了企业或行业先进的生产工艺和制造技术，并了解工程技术的最新发展动态。

作为专职教师的有效补充，兼职教师通过参与培养方案及教学大纲的制定，将企业的人才需求和培养理念融入高校的人才培养体系中，从而建立起更加科学的人才培养体系。在教学过程中承担的任务主要为实践性要求较强的专业课程和实践类课程等。部分专业课、课程设计、实习、企业工程实践以及工程专题报告、毕业设计等都是企业兼职教师发挥重要作用的环节。

北京印刷学院机械工程学院聘请多位兼职教师，并邀请兄弟院校专家开展教学研讨，图 2-1 为相关图片资料。

兼职教师讲授了"数字印刷设备""ERP 技术""CTP 技术""安全印刷"等课程，并举办了多项技术讲座。

图 2-1 校外专家与兼职教师参与卓越工程师教学研讨

图 2-2 所示为兼职教师讲授,其中时任人民日报印刷厂副厂长聂圣堂讲授"数字印刷技术"课程,时任光明日报社高级工程师李宝强讲授"ERP 技术"课程,时任解放军报社印刷厂制版车间主任刘济红讲授"CTP 技术"课程,时任证件防伪公安部重点实验室常务副主任林江恒讲授"安全印刷"课程。

图 2-3 所示为时任中国印刷技术协会副理事长任玉成为师生做题为"北京印刷业面临的挑战与发展"的专题报告;北人集团印刷设备联合公司总经理朱纯磊为师生做题为"我国印刷机发展与展望"的专题报告;中国印刷质量万里行首席专家谢普楠为师生做题为"现代单张纸高速多色胶印机的技术特点和发展趋势"的专题报告。

图 2-2　兼职教师授课

图 2-3　兼职教师做专题报告

　　参与课程讲授和举办技术专题讲座的兼职讲师一般为行业内有一定影响力的专家，而参与企业实践阶段指导工作的兼职教师则均为企业内部的技术人员。

　　聘请兼职教师也会遇到各种问题，主要有以下几个方面：一是兼职教师对高等学校的运行模式不熟悉，在教学过程中不适应学校的要求；二是兼职教师在安排教学任务和其本职工作及其他工作时容易出现冲突，会打乱原有的教学计划，教学运行受到影响；三是兼职教师的薪酬没有固定的渠道保证，由于学校每年用于卓越工程师教育的经费会有较大波动，因此在聘请兼职教师时有时会出现经费不足甚至无法支付薪酬的情况；四是兼职教师仍然不太稳定，每年授课需要聘请不同的教师，而在教学团队建设中也没有将兼职教师纳入团队建设当中。可以考虑在现有的教学团队基础上建设一支兼职教师教学团队，或将兼职教师吸收进现有的教学团队当中。

2.5　满足卓越工程师培养的工程实践教育体系

2.5.1　工程实践教育体系的结构

卓越工程师计划的一个突出特点就是强调工程实践能力的培养，这主要是基于以下两个方面原因：

（1）实践是工程的本质。不论是各种层次的工程人才的培养，还是工程项目的开发，甚至工程科学的研究，都离不开实践，都需要以实践为基础才能实现预期的目标，离开了实践，就谈不上工程。因此重视和开展实践教育是工程教育最本质的内涵，是工程教育得以合格的前提。

（2）实践是创新的前提。首先，实践是创新的平台，创新源于实践，没有实践就没有创新；其次，实践促进创新，只有在实践中才能使创新意识得以显现、创新思维得以启发、创新技能得以培养、创新素质得以提升。实践促进创新，创新引导实践；没有实践就不可能有创新，实践是创新的基础。

工程实践教学体系一般是由基础实践模块、专业实践模块、综合实践模块和职业实践模块等实践教育模块构成。

（1）基础实践模块主要由基础课程的实验、各种社会实践活动、企业认识实习、工程基础训练等实践教育环节构成，旨在提高学生的实际动手能力、基本操作能力、工程意识和工程素质，为学生工程能力的培养打下基础。

（2）专业实践模块主要由专业课程和学科基础课程的实验、课程设计、企业生产实习、工程实践训练、企业轮岗实习和毕业实习等专业实践教育环节构成，旨在培养学生解决专门问题和实际工程问题的能力、工程设计能力和工程创新能力。

（3）综合实践模块主要由创新创业活动、学生社团活动、毕业设计、工程项目研究、企业顶岗实习、国际交流活动、社区服务活动等综合性实践教育环节构成，旨在系统、全面地培养学生的综合素质、工程创新和创业能力、工程岗位适应能力和以团队合作为主的社会能力。

（4）职业实践模块指的主要是职业技能培训等环节，旨在使学生熟练掌握某一工程专业的综合职业技能，以满足行业企业中某一类工作岗位或岗位群对工程人才的要求。

2.5.2　工程实践教育体系的构建

北京印刷学院机械工程专业结合自身特点设计出适应卓越工程师教育的实践教育体系，见表 2-21。

表 2-21　北京印刷学院机械工程专业的工程实践教育体系

基础实践模块	基础课程实验	·大学物理实验	·VB 语言程序设计上机	·VC 语言程序设计上机
	认识实习	·印刷工艺实习	·印刷设备实习	—
	工程基础训练	·金工实习	·电子工艺实习	—
	社会实践活动	各类参观、实践活动	—	—
专业实践模块	学科基础课程实验	·工程图学 ·电工电子学 ·工程力学 ·机械原理 ·机械设计	·工程材料及成型技术 ·机械制造工程与技术 ·机电传动与控制 ·控制工程基础 ·单片机原理与接口技术	·机械工程测试技术 ·液压传动与气动技术 ·优化设计与仿真设计
	专业课程实验	·印刷机械设计 ·数控技术基础	·印品质量检测 ·印后设备	·设备管理与维护
	课程设计	·工程图学测绘	·机械原理课程设计	·机械设计课程设计
	专业实习	·企业轮岗实习	·毕业实习	

续表

综合实践模块	校内创新实践	· 机械创新实践		
	交流学习	· 北京交通大学交换生项目	· 赴法学习项目	
	学科竞赛	· 全国机械创新设计大赛 · 3D 数字化创新设计大赛	· 中国机器人大赛 · 数字化设计表达大赛	· RoboMaster 机器人大赛 · 校级机械创新设计大赛
	创新创业	· 开放实验室		
	工程研究	· 大学生科研计划	· 教师科研	
	社团活动	· 社团活动		
	企业工程实践	· 企业工程实践		
	工程项目训练	· 毕业设计		
职业实践模块	职业技能培训	· SolidWorks 机械工程师考证等		

　　基础实践模块主要由大学物理实验、VB 语言程序设计上机实验、VC 语言程序设计上机等课程实验上机环节组成基础课程实验部分，由印刷工艺实习、印刷设备实习等环节组成企业认识实习部分，由金工实习、电工电子实习等环节构成基础训练部分，由专业及学校其他部门组织的各类参观及社会活动构成社会实践部分，这四部分组成了大学阶段的基础实践模块。

　　课程实验主要集中在专业基础课程和专业课程，本专业共安排了约 18 门课程开设实验，还有三门课程（工程图学、机械原理、机械设计）附有课程设计。专业实习阶段主要设计了企业轮岗实习和毕业实习等环节，根据实际情况酌情安排执行。专业实践模块主要为消化吸收专业课程知识，并灵活运用所学知识解决实际工程问题，培养设计、创新能力。

　　校内创新实践主要设计了机械创新实践课程，结合各类学科竞赛要求，开展各种创新活动。例如，利用慧鱼创新组合套件进行各种创新创意，构想各类创新机构，搭接机械模型，设计控制系统，实现产品的完整运动；编制控制程序，设计气动控制系统，结合 PLC 控制技术等，实现机电系统的综合控制。该创新实践环节可以使学生对所学的机械、电控、气动等知识进行综合运用，培养综合实践能力和创新思维能力。

学校每年选送部分学生到北京交通大学进行交流学习，时间为1学年；每年暑期，学校选送学生赴法国进行实践考察，通过校际和国际交流，学生们取长补短，相互学习，增长见识。

学科竞赛是机械工程专业长期坚持的重要综合实践活动之一。目前主要参与的学科竞赛活动有全国大学生机械创新设计大赛、全国3D数字化创新设计大赛、北京市数字化设计表达大赛、中国机器人大赛、RoboMaster机器人大赛以及学校每年举办的机械创新设计大赛等。

创新创业活动主要是通过开放实验室的形式开展的。学生可根据自身需要，申请开放实验室，学院综合考虑实验室利用情况并配合学生需要开放实验室，开展各类创新创业项目。近年来创新创业活动取得了一定成果，有部分项目参加了创业大赛等。

学生在学习课程之余还可从事一定的科学研究项目。目前的科研项目主要有两类，一类为大学生科研计划项目，由学校教务处、团委等部门牵头下发，二级学院组织指导、申报、检查及验收等；另一类为学生参加教师的科研项目，由教师为学生布置任务，学生在教师指导下以独立、参与或协助等不同形式完成不同工作。通过参与科研项目，学生可获得工程项目研究的基本知识和能力。

学生的社团活动主要由学工部门或各类学生社团开展，可增加学生接触社会、参与社会活动的机会，增进对社会的认识，提高社会交往能力等。

企业工程实践是在专业主导下，采取校企合作的方式，开展的一项综合实践活动，主要由企业导师进行指导，完成校企双方共同制定的实践大纲规定的内容。企业工程实践是学生在大学阶段的必修环节，学生必须完成一定的周数，才能够获得相应的学分。

工程项目训练则是在大学最后阶段进行的一项综合性训练内容，即毕业设计。区别于原来的毕业设计，工程项目训练的选题较为宽泛，但主要是以本专业领域内，能够解决实际工程问题的各类综合性题目作为训练课题。

职业实践环节指的是职业技能培训，目前专业组织开展的主要是SolidWorks机械工程师证书考试等。有部分学生自愿接受各类社会职业技能培训，也属这类实践内容。

2.6　实现卓越工程师培养目标的校企联合培养新模式

所谓校企联合培养卓越工程师人才，不是简单地在某个教学环节上有企业或企业人员参与，而是在人才培养的全过程都要有企业深度参与。这不仅是因为高校培养的人才最终是服务于企业，也是由于与高校相比，企业具有很多独特的优势。

首先，企业能够更加准确地把握社会对工程人才的需求。企业直接面对社会竞争和国际竞争，更加清楚社会和未来世界对工程人才的需求，而且更加清楚高校毕业生在知识、能力和素质上存在的不足和需要完善之处。如果企业能够在卓越人才培养的每个环节发挥作用，也可以为高校提供准确的信息和改进的建议，促进和推动工程人才培养模式的改革和创新，从而达到卓越工程师的最终培养目标。

其次，企业拥有最先进的生产设备，掌握最先进的制造技术与工艺。现代化大生产需要现代化的生产设备和生产工艺、制造技术，因此企业为在市场竞争中获得竞争优势，必须引进最先进的生产线、生产设备，研究先进的装备工艺、制造技术等，这些是高校不可能做到的。高校的实验室、工程训练中心等所拥有的设备有其自身的特点，但与企业的生产实际并不完全相符。学生必须通过校企合作方式进入企业，迅速了解、熟悉和掌握这些最先进的设备、工艺和技术，才能快速上手，受到用人单位的欢迎。

再次，企业拥有训练有素、经验丰富的工程技术人员。这些人员由于长期在生产一线从事各种实际工作，面对各种工程问题，提出各种工程方案，以及进行各种工程创新，因此积累了丰富的工程实践经验，具有很强的工程创新能力。这些行业专家与高校教师优势互补，能够在学生工程实践和创新能力培养上发挥重要的作用。

复次，企业可以为学生提供真实的工程实践和创新的环境。无论高校实验室、实训基地建设得多么完善，其与企业所能够提供的系统全面、功能完备的真实的工程实践和创新环境仍然有本质的区别。而且企业所需要解决的是涉及生产、技术、研发、创新、市场、管理等各方面的问题，这些都是培养学生工程实践能力和创新能力的最好题材，都需要企业这个真实的好环境。

最后，企业能够为学生提供完整的学习先进企业文化的氛围。除了学习企业先进的工程技术，学生进入企业还需要学习先进的企业文化，培养学生的敬业精神和职业道德。企业的文化和高校的文化存在巨大的差异，学生必须进入企业才能够体会到企业的文化、适应企业的各种制度和规范、融入企业的工作和生活之中，从企业员工的行为举止中得到感悟和启发，潜移默化地培养自己的敬业精神和职业道德。

由此可见，在校企合作中，企业必须深度参与到人才培养的全过程中，才能确保卓越计划达到预期的效果。

第3章 卓越工程师培养的实践探索

3.1 工程专业人才培养体系的构建

要建设某一个专业的培养体系，需要对该专业的整体情况进行综合研究，既要研究专业本身的特点，又要研究学校的实际情况。

北京印刷学院从建校开始，就具有鲜明的行业属性。从最初的行业院校经过几次调整，逐步发展到现在市属共管院校，但不论在哪个阶段，与行业企业的联系一直都没有中断。在人才培养时借助行业、企业的力量，大学四年中不间断地到企业进行参观实习实践，了解行业的最新动态，学习企业的最新技术，最终毕业到企业工作，为企业服务。在办学过程中，经常与企业的管理层或技术人员进行座谈、交流，或邀请企业技术人员开展技术讲座，根据企业需求及时调整专业培养方案，满足了企业的用人需求。

我校机械工程专业办学的另一个突出特点是强调工程实践能力的培养。多年来，本专业毕业的学生从事的岗位除了研发、管理和教育培训以外，还有大批毕业生从事制造、销售、售后服务等，这些工作都需要具备现场处置的能力。因此在专业建设过程中，对学生在生产现场的实习、实践能力的培养与提高提供了大量的机会。

北京印刷学院的贴近行业、强调实践的办学特点，与卓越工程师计划中的要求非常接近。要按照卓越计划的要求培养卓越工程师人才，就需要制定符合卓越工程师的专业培养方案。教育部对卓越工程师计划的实施制定了明确的人才培养标准，如附录 A；各行业根据各自的专业与行业特点也制定了更详细的行业标准，如附录 B。高校在开展卓越计划时又确定了各自的学校标准，如附录 C、D 分别为清华大学机械工程与自动化专业和江南大学机械工程与自动化专业（机械电子方向）的培养标准。北京印刷学院机械工程专业根据自身的办学特色，制定了本专业的培养标准（附录 E）。为了达到专业培养标准的要求，在制定培养方案时，采用模块化设计，将课程按属性归类，并研究课程可以达到的培养目标；这样设计出的课程设置方案，对所有标准的达成度基本一致。经过几年的运行，取得了预期的效果，在新版的培养方案中，专业定位、培养标准及实现矩阵等确定下来。

3.1.1 专业定位

专业定位确定了本专业培养的毕业生将来能够进入的行业领域、从事的职业类型、职业特点、水平层次等，因此专业定位对一个专业的人才培养至关重要。确定专业定位除了考虑上述问题以外，还要结合社会发展对专业人才知识能力结构需求的变化、技术进步对专业核心知识的影响以及受教育者对教育的实际需要等多个方面的问题。机械工程专业经过综合研究，确定的专业定位如下。

> 本专业立足印刷包装行业，服务首都经济建设，适应印刷包装设备数字化、智能化、绿色化发展趋势，培养掌握机械设计与制造基本理论与方法，具备电气控制与信息技术基础，拥有较强实践能力和创新精神的应用型高级专门人才。
>
> 专业培养具有下列特色：
>
> 1. 融合工程教育认证培养体系和卓越工程师培养计划体系，构建以学生的素质和能力培养为核心的教育体系，建立校企联合培养机制，确保了学生在职业生涯中具备较扎实的工程基础。
>
> 2. 围绕印刷包装行业，培养从事机电装备设计、制造和企业生产管理等方面的应用型专门人才。

机械工程专业发展的历史决定了其与印刷包装行业具有深远的渊源，在过去为行业培养了大量的人才，遍布于管理与技术等各种岗位，为推动行业进步做出了应有的贡献。在今后相当长的时间内，专业依然以行业的人才需求为主要目标。同时，必须看到国家发展达到了一个新的时期，特别是北京作为国家的首都，其经济发展与建设有其自身的突出特点，人才的培养必须适应北京经济建设的需要。

同时作为北京市属高校，在本科人才层次的定位上也必须适当，机械工程专业本科层次学生目前定位于复合应用型高级专门人才。复合型人才指的不仅是人才的知识结构应该是多学科交叉的，而且作为工科人才除了需要拥有必要的专业素养以外，还应该具有较高的人文、艺术、社会等素养，北京印刷学院作为多学科性专业院校，在工科、文科、艺术等学科均衡发展，在培养具有人文情怀与艺术鉴赏力的工程师方面具有一定的优势；应用型人才则在人才层次上进行了定位，既要区别于双一流高校，又要区别于职业院校。

3.1.2　培养目标

人才的培养要以服务行业、产业以及区域经济为目标，因此对于我校机械工程专业来说，就是要培养满足现代制造业及出版印刷包装产业发展需求以及首都经济社会发展需要的应用型工程技术人才。

適应国家现代制造和印刷包装装备设计制造发展需求，培养具有较强的创新创业能力、较宽厚的机械工程基础理论和较扎实的机械设计与制造的专门知识，具备控制与信息技术基础，具备团队合作精神与较强工程实践能力，具有卓越工程师技能和素质的应用型高级专门人才。毕业生主要从事机电产品及印刷包装装备的设计、制造等方面的技术工作，机电产品的生产过程的规划、运营工作，也可承担企业生产管理、设备维护等工作。

毕业生应具备的知识和能力要求包括：

1. 德、智、体、美全面发展，具备较丰富的工程、社会学、情报交流、法律和环境等人文社科知识。熟练掌握一门外语，能够进行机械工程专业领域的沟通和交流。

2. 具有从事机械行业工作所需的数学、自然科学知识和经济管理知识。

3. 系统地掌握本专业领域所必需的基础理论和工程技术知识。

4. 具备机械工程师的基本技能，掌握工程制图、材料、工程计算、测试、工程分析、实验分析、文献检索及基本的工艺操作等技能。

5. 具有在工程实践中应用数学、工程基础知识和具体的工程专业知识的能力，并了解其科学前沿和发展趋势。

6. 初步具备基本的工程项目运营能力，具有团队合作精神、沟通协调和组织管理能力。

7. 具有较强的创新意识，能够理解工程项目的编制结构，能够编制简单的工程项目方案。

8. 具有良好的质量、安全、服务和环保意识。了解本专业的技术标准、相关的行业政策法规，具备工程项目的组织实施能力。

9. 具备收集、整理、分析、归纳和选择国内外相关技术信息的能力；具有国际视野和国际交流的能力。

3.1.3 培养标准

3.1.3.1 掌握一般性和专门的机械工程技术知识，并初步具备相关技能

1. 具有从事机械尤其是印刷包装装备设计与制造工程工作所需的专业基础知识以及一定的人文和社会科学知识（对应国家通用标准1、2）。

1.1 数学与自然科学基础知识。

掌握必要的自然科学基础知识，如数学（包括高等数学、线性代数、概率论与数理统计）、大学物理、普通化学等，以及在此基础上进行严密推理的能力。

1.2 工程基础知识。

掌握从事机械工程领域工程技术工作所必需的工程制图、工程力学、电工电子学、工程材料及成型技术、热流体等核心工程基础知识，培养学生应用数学或数值方法解决实际工程问题的能力。

1.3 工程专业基础知识。

掌握从事机械工程领域技术工作所必需的机械原理与设计、机械制造工程与技术、工程测试与信息处理、计算机应用技术和管理科学基础等高级工程基础知识。

1.4 人文和社会科学知识。

具备较丰富的工程经济、管理、社会学、情报交流、法律、环境等人文与社会学的知识。熟练掌握一门外语，并可运用其对相关技术问题进行沟通和交流。

2. 掌握较为扎实的机械工程理论知识，拥有解决机械尤其是印刷包装装备工程技术问题的初步操作技能，了解本专业的发展现状和趋势（对应国家通用标准4、6、8）。

2.1 印刷包装等典型机电产品的设计与制造方法。

了解印刷包装等机电产品的设计与制造方法，了解数控加工技术及设计方法；掌握工装、夹具、刀具、检测等分系统产品设计的基本知识、技能以及计算机辅助设计与辅助制造方法。

2.2 典型机械零部件的制造工艺。

熟悉机械制造工艺的基本技术内容、方法和特点，了解印刷包装装备装配

与调试、特种零件加工、热处理技术的基本技术内容、方法和特点；了解分析、解决现场出现的工艺问题的基本方法。

2.3 了解本专业的发展现状和趋势。

3. 具备机电一体化的基本知识及解决工程技术问题的初步技能。

3.1 熟悉印刷包装装备构造及控制系统技术，能够进行印刷包装装备的安装调试和操作。

3.2 熟悉印刷包装装备控制系统的构成，具有印刷包装装备电气系统设计与改造的初步能力，并能够对系统中的电气故障进行处理。

3.3 了解印刷包装装备领域的发展趋势和前沿技术。

4. 具备机械及印刷包装装备质量管理的基本知识及解决工程技术问题的初步技能。

4.1 熟悉机械及印刷包装装备及零部件的检测技术及性能检测方法，并具备解决相关问题的能力。

4.2 了解质量管理和质量保证体系。

4.3 了解零件尺寸及形位误差检测装置的基本原理和使用方法。

5. 具备计算机应用基础知识及运用 CAD、CAM、SolidWorks 等软件解决工程技术问题的初步技能。

5.1 熟悉计算机应用的基本知识。

5.2 了解计算机辅助设计、制造和分析技术。

5.3 掌握大型工程软件的基本操作方法，能够熟练运用进行相关设计。

6. 了解本专业领域技术标准（对应国家通用标准 8）。

3.1.3.2　经历过产品设计、运行和维护或解决实际工程问题的系统化训练，初步具备解决工程实际问题的能力（对应国家通用标准 3、5、6）

1. 了解市场、用户的需求变化以及技术发展，具备机电装备方案系统论证、总体方案设计和改进的能力。

2. 具备在机电装备的设计、开发过程中，进行方案评估和确定完成工程任务所需的技术、工艺和方法的能力。

3. 具备较强的创新意识和进行产品开发设计、技术改造与新技术应用的初步能力。

3.1.3.3 具备参与项目及工程管理的能力（对应国家通用标准 1、8、9、10）

1. 具有一定的质量、环境、职业健康安全和法律意识，在法律法规规定的范畴内，按确定的相关标准和程序要求开展工作。

2. 使用合适的管理方法、管理计划和预算，组织任务、人力和资源。

3. 具备应对危机与突发事件的初步能力，能够发现质量标准、程序和预算的变化，并采取恰当的应对措施。

4. 参与管理、协调工作团队，确保工作进度。

5. 参与评估项目，提出改进建议。

3.1.3.4 具备有效的沟通与交流能力（对应国家通用标准 9、11）

1. 具有一定的质量、环境、职业健康安全和法律意识，在法律法规规定的范畴内，按确定的相关标准和程序要求开展工作。

2. 使用合适的管理方法、管理计划和预算，组织任务、人力和资源。

3. 具备应对危机与突发事件的初步能力，能够发现质量标准、程序和预算的变化，并采取恰当的应对措施。

4. 参与管理、协调工作团队，确保工作进度。

5. 参与评估项目，提出改进建议。

6. 能够使用技术语言，在跨文化环境下进行沟通与表达。

7. 能够进行机电装备设计、制造、试验等工程文件的编纂，如可行性分析报告、项目任务书、投标书等，并可进行说明与阐释。

8. 具备较强的人际交往能力，能够控制自我并了解和理解他人需求和意愿。

9. 具备较强的适应能力，自信、灵活地处理新的和不断变化的人际环境和工作环境。

10. 能够跟踪本领域最新技术发展趋势，具备收集、分析、判断、归纳和选择国内外相关技术信息的能力。

11. 具有团队协作精神和全局观念，并具有一定的协调、管理、竞争与合作能力。

3.1.3.5　具备良好的职业道德，体现对职业、社会、环境的责任（对应国家通用标准 1、3、7）

1. 掌握一定的职业健康安全和环境的法律法规及标准知识，恪守职业道德规范和所属职业体系的职业行为准则。

2. 具有良好的质量、安全、服务和环保意识，承担有关健康、安全和福利等事务的责任。

3. 具有审视自身的发展需求、制订并实施自身职业发展计划的能力。

3.1.4　能力实现矩阵

1. 技术知识和推理能力

能力	能力实现途径（课程名称）
基础科学知识：掌握机械工程学科所需的自然科学基础知识	高等数学、线性代数、概率论与数理统计、大学物理、物理实验
核心工程基础知识：掌握机械工程学科所需的核心工程基础知识	工程表达、机械原理、机械设计、工程力学、工程材料及成型技术、电工电子学、机械制造工程与技术、机电传动与控制
高级工程基础知识：掌握从事机械工程领域工程技术工作所需的高级应用型基础知识	工程热力学、工程流体力学、控制工程基础、单片机原理与接口技术、数控技术基础、液压传动与气压技术、机械工程测试与信息处理、工业机器人技术
人文和社会科学知识：具备较丰富的工程经济、管理、社会学、情报交流、法律、环境等人文与社会学的知识。熟练掌握一门外语，并可运用其对相关技术问题进行沟通和交流	大学英语、专利文献检索、大学生心理素质发展、思想道德修养与法律基础、中国近代史纲要、毛泽东思想、邓小平理论、"三个代表"重要思想、科学发展观、习近平新时代中国特色社会主义思想、马克思主义基本原理

2. 掌握扎实的机械工程专业理论知识，拥有解决机械工程专业技术问题的初步操作技能，了解本专业的发展现状和趋势

（1）机电装备设计理论与方法

能力	能力实现途径（课程名称）
了解机械装备及产品传统设计方法和现代设计方法；掌握机电装备设计的基本知识、技能以及计算机辅助设计方法	机械原理、机械原理课程设计、机械设计、机械设计课程设计、机械优化设计与仿真、机电传动与控制、控制工程基础、机电系统综合实践

（2）机电装备典型零部件的制造工艺

能力	能力实现途径（课程名称）
熟悉机械产品及其典型零部件制造工艺的基本技术内容、方法和特点，了解机械产品装配、特种零件加工、热处理技术的基本技术内容、方法和特点； 熟悉工艺过程与工艺装备设计，了解分析、解决现场出现的工艺问题的基本方法	工程材料与加工技术、机械制造工程与技术、数控技术基础、现代加工制造技术、智能制造工艺、执行制造系统、综合实践教育、企业工程实践

（3）了解本专业的发展现状和趋势

能力	能力实现途径（课程名称）
了解本专业的发展现状和趋势	智能装备导论与实践、网络协同与绿色设计、现代加工制造技术、人工智能工程、企业工程实践

（4）个人技能和态度

能力	能力实现途径（课程名称）
执着与变通：具有坚韧执着的品质，并贯彻于工作；能够根据环境的变化调整变通，直至完成目标	机电系统综合实践、机械原理课程设计、机械设计课程设计、综合实践教育、企业工程实践、工程项目训练、大学生心理健康
创造性思维：综合影响问题的相关因素运用创造性思维提出问题的解决方案	创新设计方法、机电产品创意与实训、机电系统综合实践、综合实践教育、企业工程实践、工程项目训练
批评性思维：能够不盲从、批判地吸收其他解决方案的优点；结合实际为我所用	创新设计方法、机电产品创意与实训、机电系统综合实践、综合实践教育、企业工程实践、工程项目训练

续表

能力	能力实现途径（课程名称）
自省个人的知识、技能、态度：保持对自己清醒的认识和客观的评鉴；并能以此态度对待工作	马克思主义基本原理概论、中国近现代史纲要、思想道德修养与法律基础、军事理论及军事训练、大学生心理健康、综合实践教育、企业工程实践、工程项目训练
求知欲和终身学习：保持对知识的强烈求知欲望；确定适合自身的终身学习计划	大学生学习指导、大学生心理健康、大学生成功心理学、综合实践教育、企业工程实践、工程项目训练
时间和资源的管理：科学安排个人的时间；运用卓有成效的方法进行个人掌控资源的管理	大学生学习指导、大学生心理健康、大学生成功心理学、综合实践教育、企业工程实践、工程项目训练

（5）职业技能和道德

能力	能力实现途径（课程名称）
职业道德：具有正直的品格；具有责任感和负责任的行为规范意识	马克思主义基本原理概论、大学生心理健康、大学生成功心理学、思想道德修养与法律基础、大学生就业指导、企业工程实践
职业行为：能够以卓越的职业技能作为行为标准；在工作中贯穿自己的职业行为	大学生心理健康、大学生成功心理学、思想道德修养与法律基础、大学生就业指导、企业工程实践
主动规划个人职业：积极主动地根据客观环境规划个人职业发展；具有国际化的视野，与国际工程师界保持同步	大学生就业指导、马克思主义基本原理概论、中国近现代史纲要、思想道德修养与法律基础、大学英语、大学生心理健康、大学生成功心理学、智能装备导论与实践、企业工程实践

3. 人际交往技能：团队协作和交流

（1）团队精神

能力	能力实现途径（课程名称）
组建高效团队：根据任务性质进行专业分解和需求分析；按照需求组建高效的团队实现任务	机电产品创意与实训、综合实践教育、企业工程实践、工程项目训练
团队工作运行：具有领导、协调团队的能力；能够带领团队进行各项工作，并完成预期目标	机电产品创意与实训、综合实践教育、企业工程实践、工程项目训练、专业学科竞赛
团队成长和演变：能够根据团队的需求规划成长目标；在完成任务的过程中注重团队的培育和成长	机电产品创意与实训、综合实践教育、企业工程实践、工程项目训练、专业学科竞赛

能力	能力实现途径（课程名称）
领导能力：能够带领团队完成规划的任务；以人格魅力和领导艺术在协作中体现自身的领导能力	机电产品创意与实训、综合实践教育、企业工程实践、工程项目训练、专业学科竞赛
技术协作：带领团队开展与同行的技术交流和通力协作	机电产品创意与实训、综合实践教育、企业工程实践、工程项目训练、专业学科竞赛

（2）交流

能力	能力实现途径（课程名称）
写作交流：以文字的方式恰当表述自己的意图，并进行交流	大学英语、各种课程设计、实践报告与答辩、工程项目训练
电子和多媒体交流：借助电子邮件、多媒体及网络等平台进行交流	大学英语、各种课程设计、实践报告与答辩，计算机与信息技术，Java语言程序设计、工程项目训练
图表交流：能够以科学语言及图表等进行交流	工程表达、工程测绘与表达、各种课程设计、实践报告与答辩、工程项目训练
口头表达和人际交流：能够简明扼要地表述自己的意见，并进行交流；在人际交往中恰当地进行意见交流	大学英语、计算机与信息技术，各种课程设计、实践报告与答辩、专业学科竞赛、综合实践教育、企业工程实践、工程项目训练

（3）外语交流

能力	能力实现途径（课程名称）
英语：能够熟练使用英语进行技术交流	大学英语 大学英语限选课
其他外语：能够较为熟练地采用其他语种进行初步交流	外语选修

4.设计、实施和运行系统

（1）构思与工程系统

能力	能力实现途径（课程名称）
设立机电装备目标和要求：根据工程任务，建立系统的明确目标；通过分析明确系统的具体要求	机电产品创意与实训、机电系统综合实践、综合实践教育、企业工程实践、工程项目训练
定义功能，概念和体系结构：定义机电装备的功能，明确相关概念	机电产品创意与实训、机电系统综合实践、综合实践教育、企业工程实践、工程项目训练

续表

能力	能力实现途径（课程名称）
项目发展的管理：确定项目发展中的关键管理环节；建立切实可行的管理策略实现管理目标	现代设备管理、生产运营管理、现代企业管理、工程项目管理、机械创新实践、综合实践教育、企业工程实践、工程项目训练

（2）设计

能力	能力实现途径（课程名称）
机电装备设计中对知识的利用：根据目标分解设计任务；在具体设计中能够采用先进的知识	机械原理课程设计、机械设计课程设计、机电系统综合实践、综合实践教育、企业工程实践、工程项目训练、计算机辅助工程计算、机械优化设计与仿真设计、网络协同与绿色设计、虚拟现实设计
机械工程学科专业设计：分学科、专业进行分解设计	机械原理课程设计、机械设计课程设计、机电系统综合实践、综合实践教育、企业工程实践、工程项目训练、计算机辅助工程计算、机械优化设计与仿真设计、网络协同与绿色设计、虚拟现实设计
跨学科综合设计：加强学科之间的融合与交叉；融合多方知识，进行综合设计	机械原理课程设计、机械设计课程设计、机电系统综合实践、综合实践教育、企业工程实践、工程项目训练、计算机辅助工程计算、机械优化设计与仿真设计、网络协同与绿色设计、虚拟现实设计

（3）实施

能力	能力实现途径（课程名称）
机电装备设计实施的过程：确立设计进行实施的方案；进行实施过程的规划	机械原理课程设计、机械设计课程设计、机电系统综合实践、综合实践教育、企业工程实践、工程项目训练、计算机辅助工程计算、机械优化设计与仿真设计、网络协同与绿色设计、虚拟现实设计
机械产品典型零件制造过程：进行零件设计的可加工性评价；联合制造企业进行机械零件的加工制造；进行零件加工制造过程中各环节的控制和检测	工程材料及成型技术、机械制造工程与技术、机械设计、电工与电子技术、智能制造工艺、现代加工制造技术、数控技术基础、综合实践教育、企业工程实践、工程项目训练
进行零部件的装配和功能验证测试	机电产品创意与实训、机电系统综合实践、综合实践教育、企业工程实践、工程项目训练
对机械系统的研制实施过程管理：在项目实施过程中进行流程的控制和管理	网络协同与绿色设计、现代企业管理、生产运营管理、智能制造工艺、综合实践教育、企业工程实践、工程项目训练

（4）运行

能力	能力实现途径（课程名称）
培训及操作：制订运行规程和培训计划；开展培训及操作示范	生产运营管理、综合实践教育、企业工程实践、工程项目训练
弃置处理与产品报废问题：进行环境评估、制定环保方案；建立废弃物品、产品报废的相关制度	环境与化学、综合实践教育、企业工程实践、工程项目训练
项目的运行管理：建立运行管理的各项制度；贯彻管理策略和制度	生产运营管理、现代设备管理、综合实践教育、企业工程实践、工程项目训练

3.2 课程评价体系的构建

3.2.1 专业能力素质达成矩阵

课程体系建立后，需要对各门课程的能力素质达成情况进行考查。将能力素质标准进一步分解，细分为一般性工程能力素质培养目标和机械工程专业能力素质培养目标两个方面，一般性工程能力素质培养目标包括以下 10 个方面：

（1）工程推理能力（T_1）；

（2）综合运用技术技能和现代工程工具解决工程问题的能力（T_2）；

（3）进行实验并探寻知识的能力（T_3）；

（4）系统思维能力（T_4）；

（5）创造性和批评性思维能力（T_5）；

（6）对职业道德、伦理和责任的正确认知（T_6）；

（7）对终身学习的正确认识和学习能力（T_7）；

（8）团队组织协调融合能力（T_8）；

（9）有效的人际交流沟通、表达能力（T_9）；

（10）工程问题对全球、经济、环境、社会的影响及有关当代问题的认识（T_{10}）。

机械工程专业能力素质培养目标包括以下 10 个方面：

（1）数学自然科学和工程学知识的应用能力（T_{11}）；

（2）机械工程相关图纸与标准识读能力（T_{12}）；

（3）机械系统设计分析能力（T_{13}）；

（4）机电液气控制系统设计与分析能力（T_{14}）；

（5）机电一体化产品集成能力（T_{15}）；

（6）机械系统数字仿真能力（T_{16}）；

（7）机械制造与工艺编制能力（T_{17}）；

（8）数控编程能力（T_{18}）；

（9）机械系统安装调试与运行维护能力（T_{19}）；

（10）企业实践能力（T_{20}）。

对课程能力素质培养目标达成度的考核主要从以上 10 个方面进行。

将课程 i 的 j 目标的达成度记为 $T_{i,j}$，则该课程对专业能力素质培养的总达成度（或称贡献率）为

$$T_i = \sum_{j=1}^{20} T_{i,j} \qquad (3-1)$$

所有课程对第 j 项能力素质目标的总达成度为

$$C_j = \sum_{i=1}^{K} T_{i,j} \qquad (3-2)$$

式中，K 为开设课程的数量。

专业能力素质目标达成度为

$$Q = \sum T = \sum_{i=1}^{K} \sum_{j=1}^{20} T_{i,j} \qquad (3-3)$$

Q 值的大小体现了专业培养人才的能力素质水平，Q 值太低，说明学生的能力素质不足；相反，Q 值越高，则说明学生的能力素质越高，学生质量越高。卓越计划的最终目标即要提高 Q 值。

C_j 值的大小体现了专业在第 j 项单项目标的达成度，也即说明学生经过大学培养后在单项能力素质 j 上的水平高低。如果学生在该项指标数值较高，则说明

在该项指标的能力素质较强，即具有该项特长。如果该值过低，则说明专业培养存在短板，需要补齐。

T_i 值的大小是课程 i 的目标达成度，表征了该课程对专业培养的贡献度。T_i 值高说明该课程地位重要，对专业起到关键作用；相反，如果该值较低，说明该课程对专业贡献较小，需要进行课程调整，或调整教学内容，或改革教学方式，甚至可以考虑进行课程替换。

专业能力素质达成度 Q 表示为

$$Q = \sum_{i=1}^{K} T_i \qquad (3-4)$$

或表示为

$$Q = \sum_{j=1}^{20} C_j \qquad (3-5)$$

上述两式具有不同的含义。式（3-4）说明，大学生能力素质的培养需要通过学习大量的课程来实现，因此需要在大学阶段开设很多课程，学生要根据自身特点选择不同的课程来进行学习，最终实现 Q 值的提高。式（3-5）则表示，大学生能力素质是由很多方面构成的，因此要注意全面素质的提高，而不是仅重视某些方面能力的提高而忽视了其他方面。

专业开设的课程和能力素质目标共同构成了专业能力素质达成矩阵，即

$$P = \begin{bmatrix} T_{1,1} & T_{1,2} & \cdots & T_{1,j} & \cdots & T_{1,20} \\ T_{2,1} & T_{2,2} & \cdots & T_{2,j} & \cdots & T_{2,20} \\ \vdots & & \vdots & & \vdots \\ T_{i,1} & T_{i,2} & \cdots & T_{i,j} & \cdots & T_{i,20} \\ \vdots & & \vdots & & \vdots \\ T_{K,1} & T_{K,2} & \cdots & T_{K,j} & \cdots & T_{K,20} \end{bmatrix} \qquad (3-6)$$

表 3-1 所示为其表格形式。

表 3-1　专业能力素质达成矩阵

细分目标　课程 C_i	一般性工程能力素质培养目标达成度										机械工程专业能力素质培养目标达成度										合计
	工程推理能力	综合运用技术和现代工程工具解决工程问题的能力	进行实验并探寻知识的能力	系统思维能力	创造性批判性思维能力	对职业道德、伦理和责任的正确认知	对终身学习的正确认识和学习能力	团队组织协调融合能力	有效的人际交流沟通、表达能力	工程问题对全球、经济、环境、社会有关的影响及有关当代问题的认识	数学自然科学和工程学知识的应用能力	机械工程相关图纸与标准读能力	机械系统设计分析能力	机电液气控制系统设计与分析能力	机电一体化产品集成能力	机械系统数字仿真能力	机械制造与工艺制造能力	数控编程能力	机械系统安装调试与运行维护能力	企业实践能力	
	T_1	T_2	T_3	T_4	T_5	T_6	T_7	T_8	T_9	T_{10}	T_{11}	T_{12}	T_{13}	T_{14}	T_{15}	T_{16}	T_{17}	T_{18}	T_{19}	T_{20}	T
基础课 程 基础课1	$T_{1,1}$	$T_{1,2}$	$T_{1,3}$	$T_{1,4}$	$T_{1,5}$	$T_{1,6}$	$T_{1,7}$	$T_{1,8}$	$T_{1,9}$	$T_{1,10}$	$T_{1,11}$	$T_{1,12}$	$T_{1,13}$	$T_{1,14}$	$T_{1,15}$	$T_{1,16}$	$T_{1,17}$	$T_{1,18}$	$T_{1,19}$	$T_{1,20}$	T_1
基础课 程2	$T_{2,1}$	$T_{2,2}$	$T_{2,3}$	$T_{2,4}$	$T_{2,5}$	$T_{2,6}$	$T_{2,7}$	$T_{2,8}$	$T_{2,9}$	$T_{2,10}$	$T_{2,11}$	$T_{2,12}$	$T_{2,13}$	$T_{2,14}$	$T_{2,15}$	$T_{2,16}$	$T_{2,17}$	$T_{2,18}$	$T_{2,19}$	$T_{2,20}$	T_2
基础课 程3	$T_{3,1}$	$T_{3,2}$	$T_{3,3}$	$T_{3,4}$	$T_{3,5}$	$T_{3,6}$	$T_{3,7}$	$T_{3,8}$	$T_{3,9}$	$T_{3,10}$	$T_{3,11}$	$T_{3,12}$	$T_{3,13}$	$T_{3,14}$	$T_{3,15}$	$T_{3,16}$	$T_{3,17}$	$T_{3,18}$	$T_{3,19}$	$T_{3,20}$	T_3
……																					
学科基 础课程1	$T_{i,1}$	$T_{i,2}$	$T_{i,3}$	$T_{i,4}$	$T_{i,5}$	$T_{i,6}$	$T_{i,7}$	$T_{i,8}$	$T_{i,9}$	$T_{i,10}$	$T_{i,11}$	$T_{i,12}$	$T_{i,13}$	$T_{i,14}$	$T_{i,15}$	$T_{i,16}$	$T_{i,17}$	$T_{i,18}$	$T_{i,19}$	$T_{i,20}$	T_i
学科基 础课程2																					
学科基 础课程3																					
……																					

续表

细分目标 / 课程 C_i	一般性工程能力素质培养目标达成度											机械工程专业能力素质培养目标达成度									合计
	工程推理和解决工程问题的能力	综合运用技术技能和现代工程工具解决工程问题的能力	进行实验并探寻知识的能力	系统思维能力	创造性和批判性思维能力	对职业道德、伦理和责任的正确认知	对终身学习的正确认识和科学习惯能力	团队组织协调融合能力	有效的人际交流沟通、表达能力	工程问题对全球、经济、环境、社会的影响及有关当代问题的认识	数学自然科学和工程学知识的应用能力	机械工程相关图纸与标准识读能力	机械系统设计分析能力	机电液气控制系统设计与分析能力	机电一体化产品集成能力	机械系统数字仿真能力	机械制造与工艺编制能力	数控编程能力	机械系统安装调试与运行维护能力	企业实践能力	
	T_1	T_2	T_3	T_4	T_5	T_6	T_7	T_8	T_9	T_{10}	T_{11}	T_{12}	T_{13}	T_{14}	T_{15}	T_{16}	T_{17}	T_{18}	T_{19}	T_{20}	T
专业课程 专业课程1																					
专业课程2																					
专业课程3																					
……																					
实践课程 实践课程1																					
实践课程2																					
实践课程3																					
……																					
合计	C_1	C_2	C_3	C_4	C_5	C_6	C_7	C_8	C_9	C_{10}	C_{11}	C_{12}	C_{13}	C_{14}	C_{15}	C_{16}	C_{17}	C_{18}	C_{19}	C_{20}	Q

3.2.2 课程能力素质达成矩阵

为了达成上述能力素质目标，在教学过程中可以采取多种不同的教学手段。归纳起来，主要有理论教学和实践教学两大类。理论教学细分为以下 6 个方面：

（1）课堂讲课（M_1）；

（2）实验室讲课（M_2）；

（3）专题讨论（M_3）；

（4）项目学习（M_4）；

（5）企业授课（M_5）；

（6）组织自学（M_6）。

实践教学细分为以下 5 个方面：

（1）个人实操（M_7）；

（2）小组运作（M_8）；

（3）企业实施（M_9）；

（4）项目实践（M_{10}）；

（5）自主实践（M_{11}）。

课程考核也可看作一个教学环节，也可细分为以下 5 种形式：

（1）笔试（M_{12}）；

（2）操作（M_{13}）；

（3）答辩（M_{14}）；

（4）论文（M_{15}）；

（5）开放性考核（M_{16}）。

这样可以构成各门课程的能力素质达成矩阵，为如下形式：

$$p = \begin{bmatrix} t_{1,1} & t_{1,2} & \cdots & t_{1,j} & \cdots & t_{1,20} \\ t_{2,1} & t_{2,2} & \cdots & t_{2,j} & \cdots & t_{2,20} \\ \vdots & & & \vdots & & \vdots \\ t_{m,1} & t_{m,2} & \cdots & t_{m,j} & \cdots & t_{m,20} \\ \vdots & & & \vdots & & \vdots \\ t_{16,1} & t_{16,2} & \cdots & t_{16,j} & \cdots & t_{16,20} \end{bmatrix} \tag{3-7}$$

表 3-2 所示为其表格形式。

表3-2　课程能力素质实现矩阵

| 细分目标 ╲ 实现方式 | | | 一般性工程能力素质培养目标达成度 | | | | | | | | | | 机械工程专业能力素质培养目标达成度 | | | | | | | | | | 合计 |
			工程推理能力 T_1	综合运用技术和现代工程工具解决工程问题的能力 T_2	进行实验并探知寻和识的能力 T_3	系统思维能力 T_4	创造性批判性思维能力 T_5	对职业道德、伦理和责任的正确认知 T_6	对终身学习的正确认识和学习能力 T_7	团队组织融合能力 T_8	有效的人际交流沟通、表达能力 T_9	工程问题对全球、经济、环境、社会的影响及有关当代问题的认识 T_{10}	数学自然科学和工程科学知识的应用能力 T_{11}	机械工程相关图纸与标准识读能力 T_{12}	机械系统设计分析能力 T_{13}	机电气液控制系统设计与分析能力 T_{14}	机电一体化产品集成能力 T_{15}	机械系统数字仿真能力 T_{16}	机械制造与工艺编制能力 T_{17}	数控编程能力 T_{18}	机械系统安装调试运行与运维护能力 T_{19}	企业实践能力 T_{20}	T
理论教学	课堂讲课	M_1	$t_{1,1}$	$t_{1,2}$	$t_{1,3}$	$t_{1,4}$	$t_{1,5}$	$t_{1,6}$	$t_{1,7}$	$t_{1,8}$	$t_{1,9}$	$t_{1,10}$	$t_{1,11}$	$t_{1,12}$	$t_{1,13}$	$t_{1,14}$	$t_{1,15}$	$t_{1,16}$	$t_{1,17}$	$t_{1,18}$	$t_{1,19}$	$t_{1,20}$	t_1
	实验室课	M_2	$t_{2,1}$	$t_{2,2}$	$t_{2,3}$	$t_{2,4}$	$t_{2,5}$	$t_{2,6}$	$t_{2,7}$	$t_{2,8}$	$t_{2,9}$	$t_{2,10}$	$t_{2,11}$	$t_{2,12}$	$t_{2,13}$	$t_{2,14}$	$t_{2,15}$	$t_{2,16}$	$t_{2,17}$	$t_{2,18}$	$t_{2,19}$	$t_{2,20}$	t_2
	专题讨论	M_3	$t_{3,1}$	$t_{3,2}$	$t_{3,3}$	$t_{3,4}$	$t_{3,5}$	$t_{3,6}$	$t_{3,7}$	$t_{3,8}$	$t_{3,9}$	$t_{3,10}$	$t_{3,11}$	$t_{3,12}$	$t_{3,13}$	$t_{3,14}$	$t_{3,15}$	$t_{3,16}$	$t_{3,17}$	$t_{3,18}$	$t_{3,19}$	$t_{3,20}$	t_3
	项目学习	M_4	$t_{4,1}$	$t_{4,2}$	$t_{4,3}$	$t_{4,4}$	$t_{4,5}$	$t_{4,6}$	$t_{4,7}$	$t_{4,8}$	$t_{4,9}$	$t_{4,10}$	$t_{4,11}$	$t_{4,12}$	$t_{4,13}$	$t_{4,14}$	$t_{4,15}$	$t_{4,16}$	$t_{4,17}$	$t_{4,18}$	$t_{4,19}$	$t_{4,20}$	t_4
	企业授课	M_5	$t_{5,1}$	$t_{5,2}$	$t_{5,3}$	$t_{5,4}$	$t_{5,5}$	$t_{5,6}$	$t_{5,7}$	$t_{5,8}$	$t_{5,9}$	$t_{5,10}$	$t_{5,11}$	$t_{5,12}$	$t_{5,13}$	$t_{5,14}$	$t_{5,15}$	$t_{5,16}$	$t_{5,17}$	$t_{5,18}$	$t_{5,19}$	$t_{5,20}$	t_5
	组织自学	M_6	$t_{6,1}$	$t_{6,2}$	$t_{6,3}$	$t_{6,4}$	$t_{6,5}$	$t_{6,6}$	$t_{6,7}$	$t_{6,8}$	$t_{6,9}$	$t_{6,10}$	$t_{6,11}$	$t_{6,12}$	$t_{6,13}$	$t_{6,14}$	$t_{6,15}$	$t_{6,16}$	$t_{6,17}$	$t_{6,18}$	$t_{6,19}$	$t_{6,20}$	t_6
实践教学	个人自课	M_7	$t_{7,1}$	$t_{7,2}$	$t_{7,3}$	$t_{7,4}$	$t_{7,5}$	$t_{7,6}$	$t_{7,7}$	$t_{7,8}$	$t_{7,9}$	$t_{7,10}$	$t_{7,11}$	$t_{7,12}$	$t_{7,13}$	$t_{7,14}$	$t_{7,15}$	$t_{7,16}$	$t_{7,17}$	$t_{7,18}$	$t_{7,19}$	$t_{7,20}$	t_7
	小组作	M_8	$t_{8,1}$	$t_{8,2}$	$t_{8,3}$	$t_{8,4}$	$t_{8,5}$	$t_{8,6}$	$t_{8,7}$	$t_{8,8}$	$t_{8,9}$	$t_{8,10}$	$t_{8,11}$	$t_{8,12}$	$t_{8,13}$	$t_{8,14}$	$t_{8,15}$	$t_{8,16}$	$t_{8,17}$	$t_{8,18}$	$t_{8,19}$	$t_{8,20}$	t_8
	企业运作	M_9	$t_{9,1}$	$t_{9,2}$	$t_{9,3}$	$t_{9,4}$	$t_{9,5}$	$t_{9,6}$	$t_{9,7}$	$t_{9,8}$	$t_{9,9}$	$t_{9,10}$	$t_{9,11}$	$t_{9,12}$	$t_{9,13}$	$t_{9,14}$	$t_{9,15}$	$t_{9,16}$	$t_{9,17}$	$t_{9,18}$	$t_{9,19}$	$t_{9,20}$	t_9
	企业项目实施	M_{10}	$t_{10,1}$	$t_{10,2}$	$t_{10,3}$	$t_{10,4}$	$t_{10,5}$	$t_{10,6}$	$t_{10,7}$	$t_{10,8}$	$t_{10,9}$	$t_{10,10}$	$t_{10,11}$	$t_{10,12}$	$t_{10,13}$	$t_{10,14}$	$t_{10,15}$	$t_{10,16}$	$t_{10,17}$	$t_{10,18}$	$t_{10,19}$	$t_{10,20}$	t_{10}
	自主实践	M_{11}	$t_{11,1}$	$t_{11,2}$	$t_{11,3}$	$t_{11,4}$	$t_{11,5}$	$t_{11,6}$	$t_{11,7}$	$t_{11,8}$	$t_{11,9}$	$t_{11,10}$	$t_{11,11}$	$t_{11,12}$	$t_{11,13}$	$t_{11,14}$	$t_{11,15}$	$t_{11,16}$	$t_{11,17}$	$t_{11,18}$	$t_{11,19}$	$t_{11,20}$	t_{11}

续表

细分目标 实现方式	一般性工程能力素质培养目标达成度										机械工程专业能力素质培养目标达成度										合计
	工程推理能力	综合运用技术和技能和现代工程工具解决工程问题的能力	进行实验并探知寻识的能力	系统思维能力	创造性和批评性思维能力	对职业道德、伦理和责任的正确认知	对终身学习的正确认识和学习能力	团队组织协调融合能力	有效的人际交流沟通、表达能力	工程问题对全球、经济、环境、社会、有影响及有关当代问题的认识	数学自然科学和工程学知识的应用能力	机械工程相关图纸与标准识读能力	机械系统设计分析能力	机电气液控制系统设计与分析能力	机电一体化产品集成能力	机械系统数字仿真能力	机械制造与工艺编制能力	数控编程能力	机械系统安装调试与运行维护能力	企业实践能力	
	T_1	T_2	T_3	T_4	T_5	T_6	T_7	T_8	T_9	T_{10}	T_{11}	T_{12}	T_{13}	T_{14}	T_{15}	T_{16}	T_{17}	T_{18}	T_{19}	T_{20}	T
考核 笔试 M_{12}	$t_{12,1}$	$t_{12,2}$	$t_{12,3}$	$t_{12,4}$	$t_{12,5}$	$t_{12,6}$	$t_{12,7}$	$t_{12,8}$	$t_{12,9}$	$t_{12,10}$	$t_{12,11}$	$t_{12,12}$	$t_{12,13}$	$t_{12,14}$	$t_{12,15}$	$t_{12,16}$	$t_{12,17}$	$t_{12,18}$	$t_{12,19}$	$t_{12,20}$	t_{12}
操作 M_{13}	$t_{13,1}$	$t_{13,2}$	$t_{13,3}$	$t_{13,4}$	$t_{13,5}$	$t_{13,6}$	$t_{13,7}$	$t_{13,8}$	$t_{13,9}$	$t_{13,10}$	$t_{13,11}$	$t_{13,12}$	$t_{13,13}$	$t_{13,14}$	$t_{13,15}$	$t_{13,16}$	$t_{13,17}$	$t_{13,18}$	$t_{13,19}$	$t_{13,20}$	t_{13}
答辩 M_{14}	$t_{14,1}$	$t_{14,2}$	$t_{14,3}$	$t_{14,4}$	$t_{14,5}$	$t_{14,6}$	$t_{14,7}$	$t_{14,8}$	$t_{14,9}$	$t_{14,10}$	$t_{14,11}$	$t_{14,12}$	$t_{14,13}$	$t_{14,14}$	$t_{14,15}$	$t_{14,16}$	$t_{14,17}$	$t_{14,18}$	$t_{14,19}$	$t_{14,20}$	t_{14}
论文 M_{15}	$t_{15,1}$	$t_{15,2}$	$t_{15,3}$	$t_{15,4}$	$t_{15,5}$	$t_{15,6}$	$t_{15,7}$	$t_{15,8}$	$t_{15,9}$	$t_{15,10}$	$t_{15,11}$	$t_{15,12}$	$t_{15,13}$	$t_{15,14}$	$t_{15,15}$	$t_{15,16}$	$t_{15,17}$	$t_{15,18}$	$t_{15,19}$	$t_{15,20}$	t_{15}
开放性考核 M_{16}	$t_{16,1}$	$t_{16,2}$	$t_{16,3}$	$t_{16,4}$	$t_{16,5}$	$t_{16,6}$	$t_{16,7}$	$t_{16,8}$	$t_{16,9}$	$t_{16,10}$	$t_{16,11}$	$t_{16,12}$	$t_{16,13}$	$t_{16,14}$	$t_{16,15}$	$t_{16,16}$	$t_{16,17}$	$t_{16,18}$	$t_{16,19}$	$t_{16,20}$	t_{16}
合计	c_1	c_2	c_3	c_4	c_5	c_6	c_7	c_8	c_9	c_{10}	c_{11}	c_{12}	c_{13}	c_{14}	c_{15}	c_{16}	c_{17}	c_{18}	c_{19}	c_{20}	T

课程 i 中教学手段 m 对能力素质目标 j 的达成度为 $t_{m,j}$。因此，课程 i 对第 j 项能力素质目标的总达程度可记为

$$c_j = \sum_{m=1}^{16} t_{m,j} \qquad (3\text{-}8)$$

而课程 i 的教学手段 m 对全部能力素质目标的总达成度可记为

$$t_m = \sum_{j=1}^{20} t_{m,j} \qquad (3\text{-}9)$$

课程 i 的能力素质达成度 T_i 可以按以下方法求得：

$$T_i = \sum_{j=1}^{20} c_j = \sum_{m=1}^{16} t_m = \sum_{j=1}^{20}\sum_{m=1}^{16} t_{m,j} \qquad (3\text{-}10)$$

专业能力素质目标达成度为

$$Q = \sum_{i=1}^{K} T_i = \sum_{i=1}^{K}\sum_{j=1}^{20}\sum_{m=1}^{16} t_{m,j} \qquad (3\text{-}11)$$

课程对专业能力素质目标的达成度体现了课程对专业培养结果的贡献大小。应该选择对专业贡献更大的课程，放弃对专业贡献小的课程。

在设计课程进程时，要合理分配理论教学、实践教学及考核方式等教学方式，实现达成度的最大化。改变以往偏重理论教学弱化实践教学的现象，采取多种教学方式，充分利用现有的教学资源及网络资源，充分利用信息化技术，提升教学效果。

第4章　同步推进卓越工程师计划与工程认证相关工作

随着我国加入《华盛顿协议》，工程认证工作随即在全国高校展开，并逐步成为高校工科专业的重点工作。截至 2018 年年底，全国共有 227 所高等学校的 1170 个专业通过工程教育专业认证，其中机械类专业约有 50 个，详见表 4-1（数据来源于教育部网站）。

表 4-1　历年通过工程教育认证的机械类本科专业名单

序号	学校名称	专业名称	有效期开始时间	有效期截止时间	备注
1	北京航空航天大学	机械工程	2007 年 6 月	2019 年 12 月	
2	浙江大学	机械工程	2007 年 6 月	2019 年 12 月	
3	东南大学	机械工程	2007 年 12 月	2019 年 12 月	
4	上海交通大学	机械工程	2008 年 12 月	2020 年 12 月	
5	清华大学	机械工程	2010 年 1 月	2021 年 12 月	
6	北京工业大学	机械工程	2010 年 1 月	2024 年 12 月（有条件）	
7	华南理工大学	机械工程	2011 年 1 月	2013 年 12 月	
8	北京科技大学	机械工程	2012 年 1 月	2023 年 12 月（有条件）	
9	西安交通大学	机械工程	2012 年 1 月	2023 年 12 月（有条件）	
10	吉林大学	机械工程	2013 年 1 月	2024 年 12 月（有条件）	
11	浙江工业大学	机械工程	2013 年 1 月	2024 年 12 月（有条件）	
12	北京交通大学	机械工程	2014 年 1 月	2019 年 12 月	
13	东北大学	机械工程	2014 年 1 月	2019 年 12 月	
14	昆明理工大学	机械工程	2014 年 1 月	2019 年 12 月	
15	北京理工大学	机械工程	2015 年 1 月	2024 年 12 月（有条件）	
16	北京石油化工学院	机械工程	2016 年 1 月	2024 年 12 月（有条件）	
17	长春工业大学	机械工程	2017 年 1 月	2019 年 12 月	
18	南京理工大学	机械工程	2017 年 1 月	2019 年 12 月	
19	天津理工大学	机械工程	2018 年 1 月	2023 年 12 月（有条件）	
20	南京航空航天大学	机械工程	2018 年 1 月	2023 年 12 月（有条件）	

序号	学校名称	专业名称	有效期开始时间	有效期截止时间	备注
21	温州大学	机械工程	2018 年 1 月	2023 年 12 月（有条件）	
22	青岛科技大学	机械工程	2018 年 1 月	2023 年 12 月（有条件）	
23	中国矿业大学	机械工程	2019 年 1 月	2024 年 12 月（有条件）	
24	河海大学	机械工程	2019 年 1 月	2024 年 12 月（有条件）	
25	江南大学	机械工程	2019 年 1 月	2024 年 12 月（有条件）	
26	常熟理工学院	机械工程	2019 年 1 月	2024 年 12 月（有条件）	
27	济南大学	机械工程	2019 年 1 月	2024 年 12 月（有条件）	
28	郑州大学	机械工程	2019 年 1 月	2024 年 12 月（有条件）	
29	山东大学	机械设计制造及其自动化	2007 年 1 月	2019 年 12 月	
30	哈尔滨工业大学	机械设计制造及其自动化	2008 年 1 月	2020 年 12 月	
31	合肥工业大学	机械设计制造及其自动化	2010 年 1 月	2024 年 12 月（有条件）	
32	华中科技大学	机械设计制造及其自动化	2010 年 1 月	2021 年 12 月	
33	西南交通大学	机械设计制造及其自动化	2010 年 1 月	2021 年 12 月	
34	大连理工大学	机械设计制造及其自动化	2011 年 1 月	2022 年 12 月	
35	天津大学	机械设计制造及其自动化	2012 年 1 月	2023 年 12 月（有条件）	
36	太原科技大学	机械设计制造及其自动化	2012 年 1 月	2023 年 12 月（有条件）	
37	湖南大学	机械设计制造及其自动化	2012 年 1 月	2023 年 12 月（有条件）	
38	燕山大学	机械设计制造及其自动化	2013 年 1 月	2024 年 12 月（有条件）	
39	重庆大学	机械设计制造及其自动化	2013 年 1 月	2018 年 12 月	
40	西北工业大学	机械设计制造及其自动化	2013 年 1 月	2024 年 12 月（有条件）	
41	太原理工大学	机械设计制造及其自动化	2014 年 1 月	2019 年 12 月	
42	长沙理工大学	机械设计制造及其自动化	2014 年 1 月	2019 年 12 月	
43	沈阳工业大学	机械设计制造及其自动化	2015 年 1 月	2023 年 12 月（有条件）	
44	杭州电子科技大学	机械设计制造及其自动化	2015 年 1 月	2023 年 12 月（有条件）	

续表

序号	学校名称	专业名称	有效期开始时间	有效期截止时间	备注
45	安徽理工大学	机械设计制造及其自动化	2015 年 1 月	2024 年 12 月（有条件）	2018 年 1 月至 2018 年 12 月不在有效期内
46	武汉理工大学	机械设计制造及其自动化	2015 年 1 月	2023 年 12 月（有条件）	
47	贵州大学	机械设计制造及其自动化	2015 年 1 月	2023 年 12 月（有条件）	
48	江苏大学	机械设计制造及其自动化	2016 年 1 月	2024 年 12 月（有条件）	
49	湖北工业大学	机械设计制造及其自动化	2016 年 1 月	2024 年 12 月（有条件）	
50	湘潭大学	机械设计制造及其自动化	2016 年 1 月	2018 年 12 月	

说明：

1. "专业名称"为专业的当前名称，部分专业在认证有效期内曾用其他名称，详情查询中国工程教育专业认证协会网站（http://www.ceeaa.org.cn/）。

2. 部分专业已参加多轮次认证，"有效期开始时间"为首次通过认证的有效期开始时间，"有效期截止时间"为最近一轮通过认证的有效期截止时间；总的有效期起止时间不具比较意义。

3. 部分专业的"有效期截止时间"为"2024 年 12 月（有条件）"的，表示"需要 2021 年年底根据专业改进情况决定是否延长至 2024 年 12 月"。

4. 部分专业在部分年份不在认证有效期，相关信息在"备注"栏说明。

4.1　卓越工程师计划与工程认证的关系

2013 年 6 月 19 日在韩国首尔召开的国际工程联盟大会（International Engineering Alliance Meeting）一致通过接纳我国加入《华盛顿协议》，成为该协议的预备会员。《华盛顿协议》是世界上最具影响力的工程教育本科专业认证国际互认协议，1989 年，由美国、英国、加拿大、爱尔兰、澳大利亚、新西兰 6 个英语国家的工程专业团体发起成立，旨在通过工程教育认证体系和工程教育标准的互认实现工程学位互认，为工程师资格国际互认奠定基础。目前该协议组织共有 15 个正式成员、7 个预备成员，我国是第 21 个成员。

林健教授指出：《华盛顿协议》强调的工程学位国际互认与"卓越计划"主要目标之一追求的面向世界培养卓越工程师之间是一致的；"卓越计划"与我国按照《华盛顿协议》要求进行的工程教育认证均是以提高工程人才培养质量为核心目标；"卓越计划"本科通用标准对工程教育专业认证标准具有高度的包容性。

从表 4-2 可以看出，卓越工程师教育标准与教育工程认证标准从本质上是一致的，按照卓越工程师标准开展工程教育，最终无疑将可以达到工程教育的目标。因此在具体实践中，可以将卓越工程师教育培养计划和工程教育认证工作同步推进。

表 4-2　卓越计划通用标准与工程教育认证标准的比较

卓越计划通用标准	对应的工程专业认证标准
【基本素质】具有良好的工程职业道德、追求卓越的态度、爱国敬业和艰苦奋斗的精神、较强的社会责任感和较好的人文素养	具有较好的人文社会科学素养、较强的社会责任感和良好的工程职业道德
【现代工程意识】具有良好的质量、安全、效益、环境、职业健康和服务意识	——
【基础知识】具有从事工程工作所需的相关数学、自然科学知识以及一定的经济管理等人文社会科学知识	具有从事工程工作所需的相关数学、自然科学知识以及一定的经济管理知识
【专业知识】掌握扎实的工程基础知识和本专业的基本理论知识，了解生产工艺、设备与制造系统，了解本专业的发展现状和趋势	掌握扎实的工程基础知识和本专业的基本理论知识，了解本专业的前沿发展状况和趋势
【分析解决问题能力】具有分析、提出方案并解决工程实际问题的能力，能够参与生产及运作系统的设计，并具有运行和维护能力	具有综合运用所学科学理论和技术手段分析并解决经济工程问题的基本能力
【创新意识和开发能力】具有较强的创新意识和进行产品开发与设计、技术改造与创新的初步能力	具有创新意识和对新产品、新工艺、新技术及新设备进行研究、开发和设计的初步能力
【学习能力】具有信息获取和职业发展学习能力	掌握文献检索、资料查询及运用现代信息技术获取相关信息的基本方法 具有适应发展的能力以及对终身学习的正确认识和学习能力
【技术标准和政策法规】了解本专业领域技术标准，相关行业的政策、法律和法规	了解与本专业相关的职业和行业的生产、设计、研究与开发的法律、法规，熟悉环境保护和可持续发展等方面的方针、政策和法律，能正确认识过程对于客观世界和社会的影响

卓越计划通用标准	对应的工程专业认证标准
【管理与沟通合作能力】具有较好的组织管理能力、较强的交流沟通、环境适应和团队合作的能力	具有一定的组织管理能力、较强的表达能力和人际交往能力以及在团队中发挥作用的能力
【危机处理能力】应对危机与突发事件的初步能力	
【国际交流合作能力】具有一定的国际视野和跨文化环境下的交流、竞争与合作的初步能力	具有国际视野和跨文化的交流、竞争与合作能力

4.2　卓越工程师计划与工程教育认证工作中教学目标的实现

4.2.1　毕业要求的一次分解

卓越计划与工程教育认证工作的一个重要标志就在于可评价和可衡量，因此在进行卓越计划和工程教育认证工作中，首先要针对标准将分解为明确、公开、可衡量的毕业要求，毕业要求应能支撑培养目标的达成。机械工程专业的毕业要求可以分解为以下内容：

毕业要求 1. 工程知识——掌握数学、自然科学、工程基础和专业知识，并能将其用于解决机械工程领域的复杂工程问题。

毕业要求 2. 问题分析——具有应用数学、自然科学和工程科学的基本原理，对机械工程领域的复杂工程问题进行识别和提炼、定义和表达、分析和实证以及文献研究的能力，并能获得有效结论。

毕业要求 3. 设计 / 开发解决方案——在考虑安全与健康、法律法规与相关标准，以及经济、环境、文化、社会等制约因素的前提下，能够设计针对复杂机械工程问题的解决方案，设计满足特定需求的机械系统、单元（部件）或工艺流程，并能够在设计环节中体现创新意识。

毕业要求 4. 研究——能够基于科学原理并采用科学方法对机械工程领域的复杂工程问题进行研究，包括设计实验、分析与解释数据，并通过信息综合得到合理有效的结论。

毕业要求 5. 使用现代工具——在解决机械工程领域的复杂工程问题活动中，能开发、选择与使用恰当的技术、资源、现代工程工具和信息技术工具，包括对复杂工程问题的预测与模拟，并能够理解其局限性。

毕业要求 6. 工程与社会——在解决机械工程领域的相关问题中，能够基于工程相关背景知识进行合理分析，评价专业工程实践和复杂工程问题解决方案对社会、健康、安全、法律以及文化的影响，并理解应承担的责任。

毕业要求 7. 环境和可持续发展——能够理解和评价针对复杂机械工程问题的工程实践对环境、社会可持续发展的影响。

毕业要求 8. 职业规范——热爱祖国，拥有健康的体魄，具有人文社会科学素养、社会责任感，能够在工程实践中理解并遵守工程职业道德和规范，并履行责任。

毕业要求 9. 个人和团队——具有团队合作精神，能够在多学科背景下的团队中承担个体、团队成员以及负责人的角色。

毕业要求 10. 沟通——能够就复杂工程问题与业界同行及社会公众进行有效沟通和交流，包括能够理解和撰写效果良好的报告和设计文件，进行有效的陈述发言；掌握一门外语，能够比较熟练地阅读机械工程专业的外文书刊资料，具备一定的国际视野，能够在跨文化背景下进行沟通和交流。

毕业要求 11. 项目管理——理解工程管理原理与经济决策基本方法，并能够应用于多学科环境的工程实践中。

毕业要求 12. 终身学习——具有自主学习和终身学习的意识，有不断学习和适应发展的能力。

4.2.2　毕业要求的二次分解

具体实施中，根据所培养的毕业生要获得的 12 个方面的指示、能力、素质，还可以将毕业要求再次分解，细化为更加可具体衡量的 29 个指标点（或称观测点），具体见表 4-3 所示。

表 4-3　毕业要求的二次分解

毕业要求	毕业要求描述	指标点	指标点描述
1. 工程知识	掌握数学、自然科学、工程基础和专业知识，并能将其用于解决机械工程领域的复杂工程问题	1-1	掌握数学、物理等自然科学知识，能用于机械工程领域的复杂工程问题的计算、求解和建立抽象模型
		1-2	掌握力学、热流体、电工电子学、材料科学等工程基础知识，能用于机械工程领域的复杂工程问题的分析、设计和评价
		1-3	掌握机械设计原理与方法、机械制造工程原理与技术、机械系统中的传动与控制、计算机应用技术等专业知识，能用于解决机械系统及零部件的设计、工艺设计等机械工程领域的复杂工程问题
2. 问题分析	具有应用数学、自然科学和工程科学的基本原理，对机械工程领域的复杂工程问题进行识别和提炼、定义和表达、分析和实证以及文献研究的能力，并能获得有效结论	2-1	能够应用数学、物理等自然科学知识和基本原理，进行机械工程领域的复杂工程问题的识别、表达
		2-2	能够运用力学、热流体、电工电子学、材料科学等工程基础知识和科学基本原理，识别和表达机械工程领域的复杂工程问题
		2-3	能够运用机械工程原理、技术和方法，通过文献研究，表达和分析机械工程领域的复杂工程问题，并获得有效结论
3. 设计 / 开发解决方案	在考虑安全与健康、法律法规与相关标准，以及经济、环境、文化、社会等制约因素的前提下，能够设计针对复杂机械工程问题的解决方案，设计满足特定需求的机械系统、单元（部件）或工艺流程，并能够在设计环节中体现创新意识	3-1	考虑影响设计目标和技术方案的复杂机械工程问题的各种因素，选用标准和设定技术指标，确定机械产品全生命周期的设计方案
		3-2	能够应用机械设计的原理和方法，设计满足特定需求的机械系统及零部件。并能够在设计环节中体现创新意识，考虑社会、健康、安全、法律、文化及环境等因素
		3-3	能够应用机械制造的原理和方法，设计机械制造工艺。并能够在设计环节中体现创新意识，考虑社会、健康、安全、法律、文化及环境等因素
4. 研究	能够基于科学原理并采用科学方法对机械工程领域的复杂工程问题进行研究，包括设计实验、分析与解释数据，并通过信息综合得到合理有效的结论	4-1	通过文献研究等方法，针对机械工程领域的复杂工程问题的解决方案进行分析和研究，并能够应用基本的实验原理和方法设计相关实验方案
		4-2	能够针对机械工程领域的复杂工程问题给出解决方案，安全实施相关实验，正确地采集实验数据
		4-3	能够运用机械工程原理和方法，通过实验数据分析和信息综合，研究机械工程领域的复杂工程问题，得到合理有效的结论

毕业要求	毕业要求描述	指标点	指标点描述
5. 使用现代工具	在解决机械工程领域的复杂工程问题活动中，能开发、选择与使用恰当的技术、资源、现代工程工具和信息技术工具，包括对复杂工程问题的预测与模拟，并能够理解其局限性	5-1	掌握机械专业常用信息技术工具的使用原理和方法，能够运用计算机和互联网等现代信息技术工具获取信息
		5-2	能够选择、使用、开发机械工程环境中的现代仪器、工具和工程软件，对机械工程领域的复杂工程问题进行分析、计算与设计
		5-3	能够应用恰当的技术和工具，对机械工程领域的复杂工程问题进行预测与模拟，并能够理解其局限性
6. 工程与社会	在解决机械工程领域的相关问题中，能够基于工程相关背景知识进行合理分析，评价专业工程实践和复杂工程问题解决方案对社会、健康、安全、法律以及文化的影响，并理解应承担的责任	6-1	了解机械行业相关的技术标准、知识产权、产业政策和法规，并理解不同社会文化对机械工程实践的影响
		6-2	能够合理分析和评价机械工程实践和机械工程领域的复杂工程问题解决方案对社会、健康、安全、法律及文化的影响，并理解应承担的责任
7. 环境和可持续发展	能够理解和评价针对复杂机械工程问题的工程实践对环境、社会可持续发展的影响	7-1	能够理解针对机械工程领域复杂工程问题的环境保护和可持续发展的理念和内涵
		7-2	能够分析和评价针对机械工程领域复杂工程问题的工程实践造成的环境、可持续发展方面的影响
8. 职业规范	热爱祖国，拥有健康的体魄，具有人文社会科学素养、社会责任感，能够在工程实践中理解并遵守工程职业道德和规范，履行责任	8-1	具备一定的人文和社会科学知识，树立和践行社会主义核心价值观，具有人文社会科学素养和社会责任感以及社会主义事业建设者和接班人的责任感和使命感
		8-2	理解机械工程师的职业性质和责任，并能在工程实践中自觉遵守诚实守信等职业道德和规范，履行责任
9. 个人和团队	具有团队合作精神，能够在多学科背景下的团队中承担个体、团队成员以及负责人的角色	9-1	具有健全的人格和健康的身心，具备一定的人际交往能力
		9-2	能够在多学科背景下的团队中承担不同的角色，与团队其他成员进行有效合作，并承担相应责任

毕业要求	毕业要求描述	指标点	指标点描述
10. 沟通	能够就复杂工程问题与业界同行及社会公众进行有效沟通和交流，包括能够理解和撰写效果良好的报告和设计文件，进行有效的陈述发言；掌握一门外语，能够比较熟练地阅读机械工程专业的外文书刊资料，具备一定的国际视野，能够在跨文化背景下进行沟通和交流	10-1	具有良好的沟通表达能力，能够就复杂机械工程问题撰写报告和设计文稿，并能就相关问题准确表达自己的观点，回应质疑，理解与业界同行和社会公众交流的差异性
		10-2	具备一定的国际视野，能够就机械专业问题进行跨文化背景的沟通与交流
11. 项目管理	理解工程管理原理与经济决策基本方法，并能够应用于多学科环境的工程实践中	11-1	了解机械工程及产品全生命周期的成本构成，理解并掌握机械工程项目或产品涉及的工程管理原理与经济决策方法
		11-2	在多学科环境下设计开发解决方案的过程中，能够运用工程管理和经济决策方法
12. 终身学习	具有自主学习和终身学习的意识，有不断学习和适应发展的能力	12-1	正确认识自主学习和终身学习的必要性，具有自主学习和终身学习的意识
		12-2	掌握自主学习的方法，具有不断学习和适应社会发展的能力

4.2.3　课程目标矩阵的建立

为实现专业培养目标，在课程设置上，要能够涵盖所有毕业要求的 29 个指标观测点，以此为基础确定专业培养方案中课程的设置科目，从而构成课程目标矩阵（见表 4-4）。

在确定课程目标矩阵时，需要注意以下几个方面：

（1）可以先将毕业要求的 29 个指标点分解到课程，而不对每一门课程进行目标分解。每门课程的目标在课程教学大纲撰写过程中进行细化，并对应到毕业要求的 29 个指标观测点上。

（2）在建立课程目标矩阵中，要充分考虑到大学阶段学习的所有必修课程，包括通识教育课程、基础教育课程、实践教学环节等。考虑到目前大学的实际情况，在评估认证时，通识教育、基础教育环节不作为考查重点，但在专业建设阶段，这些课程仍然需要按照要求进行规划和建设。

（3）选修课程也需要按照认证要求进行建设，但是在评估阶段一般不进行考查，主要原因在于对于某一门选修课，并非所有学生都要进行学习，因此课程目标的达成情况并未覆盖全部学生，该课程的达成度数据是不完整的。

（4）开设的课程应该对 12 项毕业要求的 29 个指标观测点都有较为均衡的覆盖，如果上述必修课、核心课等对某些指标支撑较弱，就需要考虑开设限选课程来支撑这些指标点。例如，很多院校开设的必修课程中对流体力学、热力学的支撑都较弱，因此开设了热工基础等相关限选课作为补充。

（5）对专业培养目标支撑较弱的课程需要考虑停开，对同一指标重复支撑，或者支撑太强的课程，需要考虑删减、合并，或者通过调整教学方式等改变其支撑的指标点。

表 4-4 课程目标矩阵（一）

毕业要求	指标观测点	通识教育课程		基础教育课程		专业教育必修课程				专业限选课程				实践教育课程					
		G1	G2	B1	B2	M1	M2	M3	M4	C1	C2	C3	C4	P1	P2	P3	P4	P5	P6
1	1-1	√	√																
	1-2			√			√					√	√						
	1-3				√		√		√	√	√								
2	2-1	√	√																
	2-2			√			√				√	√	√						
	2-3				√		√										√	√		√
3	3-1			√													√			√
	3-2									√							√			√
	3-3						√	√											
4	4-1				√														
	4-2											√							
	4-3						√												

续表

毕业要求	指标观测点	通识教育课程		基础教育课程		专业教育必修课程				专业限选课程				实践教育课程					
		G1	G2	B1	B2	M1	M2	M3	M4	C1	C2	C3	C4	P1	P2	P3	P4	P5	P6
5	5-1															✓			
	5-2				✓														✓
	5-3														✓				
6	6-1										✓	✓	✓						
	6-2									✓								✓	
7	7-1											✓					✓	✓	
	7-2						✓	✓											
8	8-1																		
	8-2								✓									✓	
9	9-1														✓				
	9-2														✓	✓			
10	10-1														✓	✓			✓
	10-2																		
11	11-1														✓	✓			
	11-2														✓			✓	
12	12-1														✓				
	12-2														✓				

在实施过程中，通常还有两种操作方式。一种是将课程对指标点的支撑强度进行量化，赋予一定的权重，见表 4-5。当进行毕业目标达成度评价时，可以按照以下公式进行计算：

$$d_{x-y} = \sum_{i=1}^{m}\left(k_{gi} \bullet g_i\right) + \sum_{i=1}^{n}\left(k_{bi} \bullet b_i\right) + \sum_{i=1}^{p}\left(k_{mi} \bullet m_i\right) + \sum_{i=1}^{q}\left(k_{pi} \bullet p_i\right) \tag{4-1}$$

式中，d_{x-y} 表示毕业要求 X 的第 Y 项指标观测点（即指标点 $X-Y$ 的达成度）；

g_i、b_i、m_i、p_i 分别表示第 i 门通识课、基础课、专业课及实践课的达成度；

k_{gi}、k_{bi}、k_{mi}、k_{pi} 分别表示第 i 门通识课、基础课、专业课及实践课对相应指标点的达成度权重系数，当课程不支撑该指标点时，该权重系数为 0；

m、n、p、q 分别为通识课、基础课、专业课及实践课的门数。

表 4-5　课程目标矩阵（二）

毕业要求	指标观测点	通识教育课程		基础教育课程		专业教育必修课程				专业限选课程				实践教育课程					
		G1	G2	B1	B2	M1	M2	M3	M4	C1	C2	C3	C4	P1	P2	P3	P4	P5	P6
1	1-1	0.5	0.5																
	1-2			0.3			0.3					0.2	0.2						
	1-3				0.2		0.3		0.2	0.1	0.1								
2	2-1	0.4	0.4	0.2															
	2-2			0.3			0.2		0.2			0.2	0.1						
	2-3				0.2	0.2										√	√		0.1
……	……						……												

　　一般来说，支撑每一个指标点的课程权重之和应该等于 1。如果该数值大于 1，则表示课程该项指标过度支撑，存在课程设置过多或者过度培养的问题，需要减少课程或调减课程目标。如果该数值小于 1，则表示课程对该指标支撑不足，存在课程设置过少或课程目标不足以支撑指标点的问题，需要增加课程或调整课程目标。

　　对于每一门课程来说，其在支撑毕业要求指标观测点时重要性是不一样的，因此该课程支撑的所有指标点的权重系数之和应该在 0～1。该数值越大，说明对应的课程越重要；反之，数值越小，则说明对应的课程越不重要。核心课程对培养目标都有重要的支撑，所以该数值一般都较大，选修课的该数值则可以较小。调整课程开设方案时，要优先考虑调整该数值较小的课程，这样对培养目标的影响是比较小的。如果专业定位做了重大的调整，则很可能需要对核心课程进行大幅的调整以适应培养目标的变化。

另一种操作方式是按照课程对指标点的支撑力度，分为强支撑、中支撑、弱支撑和不支撑，分别用 H、M、L 和 O 表示，这样表 4-4 即转换为表 4-6。在进行毕业目标达成度评价时，则可以按照以下公式进行计算：

$$d_{x-y} = H \cdot \left(\sum g_{Hi} + \sum b_{Hi} + \sum m_{Hi} + \sum p_{Hi} \right)$$

$$+ M \cdot \left(\sum g_{Mi} + \sum b_{Mi} + \sum m_{Mi} + \sum p_{Mi} \right)$$

$$+ L \cdot \left(\sum g_{Li} + \sum b_{Li} + \sum m_{Li} + \sum p_{Li} \right) \tag{4-2}$$

式中，g_{Hi}、b_{Hi}、m_{Hi}、p_{Hi} 分别表示第 i 门通识课、基础课、专业课及实践课中对指标点强支撑的课程对相应指标点的达成度；

g_{Mi}、b_{Mi}、m_{Mi}、p_{Mi} 分别表示第 i 门通识课、基础课、专业课及实践课中对指标点中支撑的课程对相应指标点的达成度；

g_{Li}、b_{Li}、m_{Li}、p_{Li} 分别表示第 i 门通识课、基础课、专业课及实践课中对指标点弱强支撑的课程对相应指标点的达成度；

H、M、L 分别表示强支撑、中支撑、弱支撑指标点的权重系数，可以按照实际情况进行赋值，如分别赋值为 0.4、0.2、0.1 等，不支撑的课程赋值为 0，即 $O = 0$，在上式中不进行计算。

表 4-6　课程目标矩阵（三）

毕业要求	指标观测点	通识教育课程		基础教育课程		专业教育必修课程				专业限选课程				实践教育课程					
		G1	G2	B1	B2	M1	M2	M3	M4	C1	C2	C3	C4	P1	P2	P3	P4	P5	P6
1	1-1		H		H		L												
	1-2			M				M				L	L						
	1-3				L		M			L	H	L							
2	2-1	H	M																
	2-2			M				L			L		H	L					
	2-3			L		L										√	√		L
……	……							……											

4.2.4　课程目标的分解

　　培养方案中的每一门课程都需要根据培养目标、毕业目标进行认真审核，确定该课程的目标，并进行分解。通常情况下，为便于观测和评价，课程中的某一个目标应该对应于毕业要求中的一个指标点，如图4-1中的课程 j 的目标1、2、4；特殊情况下也可对应几个指标点，如图4-1所示中的课程 j 的目标3。

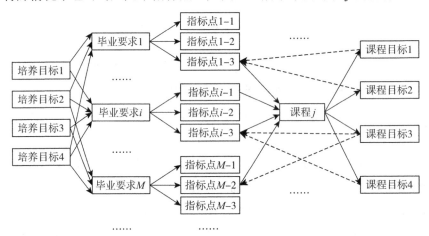

图 4-1　课程目标的分解

　　按照课程支撑的指标点，将课程目标分解成若干个子目标后，需要确定每一个课程子目标的权重。由于课程子目标对应于相应的指标点，所以该子目标权重的确定也应与课程支撑指标点的权重相一致。也就是说，如果一门课程对毕业要求指标点有强支撑，也有弱支撑，那么强支撑指标点的课程目标分配的权重也应较大。举例来说，在图4-2中，课程 i 支撑指标点 m、n、p 和 q 四项，将课程 i 的目标分解为四项目标后，课程目标1、2、3、4分别对应于指标点 m、n、p、q，如果该课程为核心课程，其对毕业要求的支撑力度应该比较大，对四个指标点的支撑权重之和应等于或接近于1。强支撑的指标点，其对应的课程目标权重也应较大。若支撑指标点的课程，课程目标权重之和也应为1，但不必与支撑指标点的权重完全一致。

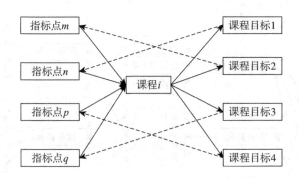

图 4-2　课程目标权重的确定

4.2.5　课程目标的简化分解方法

按照上述方法分解课程目标，就可以形成如图 4-3 所示的课程目标矩阵。这种分解方法，毕业要求、指标点、课程及课程目标四者之间只按照固定的顺序相互对应和支撑，即毕业要求是由 29 个指标观测点来对应，而指标观测点是由课程来支撑，课程的总体目标由课程的分解目标支撑。课程分解目标也与指标点有相互对应关系（如图 4-3 所示），但在进行评价时，指标点的达成情况并不由课程的分解目标达成度得到，而是依然通过课程分解目标计算得到课程总体达成度后再来计算指标点的达成情况。根据前述分析可知，如果课程分解目标与课程支撑的指标点数量相同，且分解目标与指标点之间完全是一一对应的关系，这时两组权重系数设定为一致（或相同）计算出的结果是最为准确的。但是如果指标点和课程分解目标之间不存在一一对应的关系，或者两组权重系数设定不一致（由于课程对指标点的支撑力度不同，这种情况是经常出现的），这种计算方法就存在一定的误差。

有些学校在进行目标分解时，省略了指标点的分解环节，直接由课程（或称课程总体目标）对应毕业要求。这时的对应关系如图 4-4 所示。由于省略了 29 个指标点的分解工作，所以相对而言实施起来较为简便。但有时在课程目标分解时会产生困难，课程之间在有些方面可能产生较大的重复支撑，而在有些方面则支撑不足，课程在支撑 12 项毕业要求时，由于每一项毕业要求包含内容过多，可观测性、可评价性有可能会降低。

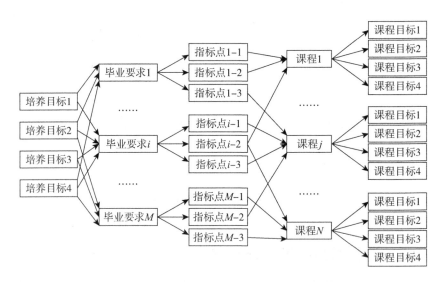

图 4-3　课程目标的简化分解（一）

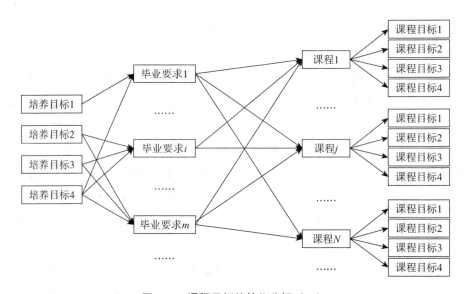

图 4-4　课程目标的简化分解（二）

　　图4-5所示的简化模型则是在图4-3的基础上略去了课程总体目标而得到的，这样简化的基本出发点在于图4-3中课程在分解目标时需要与29个指标点相对应，所以如果能直接实现课程分解目标与指标点之间的明确对应关系，那么在对指标点进行评价时就变得很简单了。

这种方法优点在于课程目标与指标点的对应关系非常清晰，对于不同的支撑强度，可以设定不同的权重，可以直接计算到各指标点的达成度，进而进行达成情况评价。但这种方法的实施前提是，每一个课程的分解目标只能支撑一个指标点，如图 4-5 中课程 1 的目标 1 只支撑指标点 1-1，目标 2 只支撑指标点 1-2，目标 3 只支撑指标点 i-2 等。如果课程分解目标支撑多个指标点，在计算达成度时就会产生误差，需要进一步进行权重分配，如图中的课程 j 的目标 1 支撑指标 i-1 和 m-1，课程 n 的目标 4 支撑指标点 i-3 和 m-3。

将指标点与课程的分解目标相对应，在评价指标点的达成情况时，计算结果较为精确。但是不利于课程总体达成度的评价，因此当进行课程评价时，依然需要按照原有方法进行计算。

由于所有的指标点都应当得到充分的支撑，所以当一项指标点只有一门课程的一个分解目标支撑时，该分解目标必须作为课程的重要目标加以实现，如图 4-3 中指标点 1-1 只有课程 1 的目标 1 支撑，因此课程 1 必须将目标 1 作为重要目标，但即使如此，该项指标点的达成情况依然不佳。

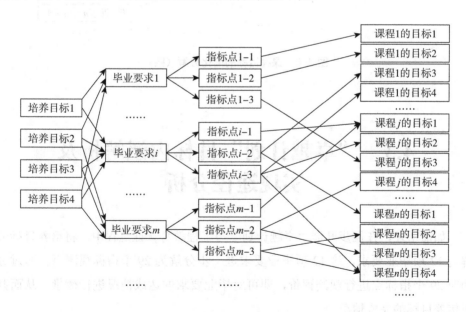

图 4-5　课程目标的简化分解（三）

图 4-6 所示的模型则将中间的指标点和课程总目标整个环节全部删除而直接

将毕业要求与课程的分解目标相对应，矩阵得到进一步简化，但是这样虽然在教学设计与运行过程中会较为简便，但在后期效果评价时，会出现课程总体目标与毕业要求的达成情况不易评价的问题，所以尽管有些学校采用这种方法，但总体来看效果不会太好。

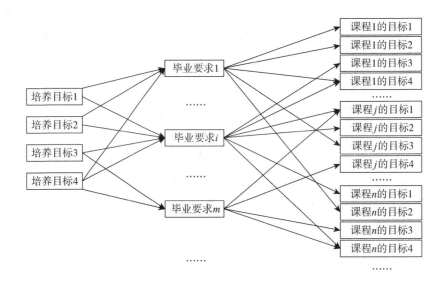

图 4-6　课程目标的简化分解（四）

4.3　"卓越计划"目标内涵解析及实现途径分析

如前所述，在同步开展"卓越计划"与工程教育认证过程中，将培养目标分解为 12 项毕业要求，这 12 项毕业要求进一步分解为 29 个指标观测点。通过分别对 29 个指标点进行观测评价，即可对毕业要求的达成情况进行衡量，从而判断培养目标的完成情况。

要想达成培养目标，必须对 12 项毕业要求有深入的理解，才能制定出有针对性的课程培养方案，针对每一项要求确定适宜的教育教学措施和评价指标体系。

图 4-7 和图 4-8 分别表示了针对 12 项毕业要求的内涵理解与达成途径。

1. 工程知识（图 4-7）

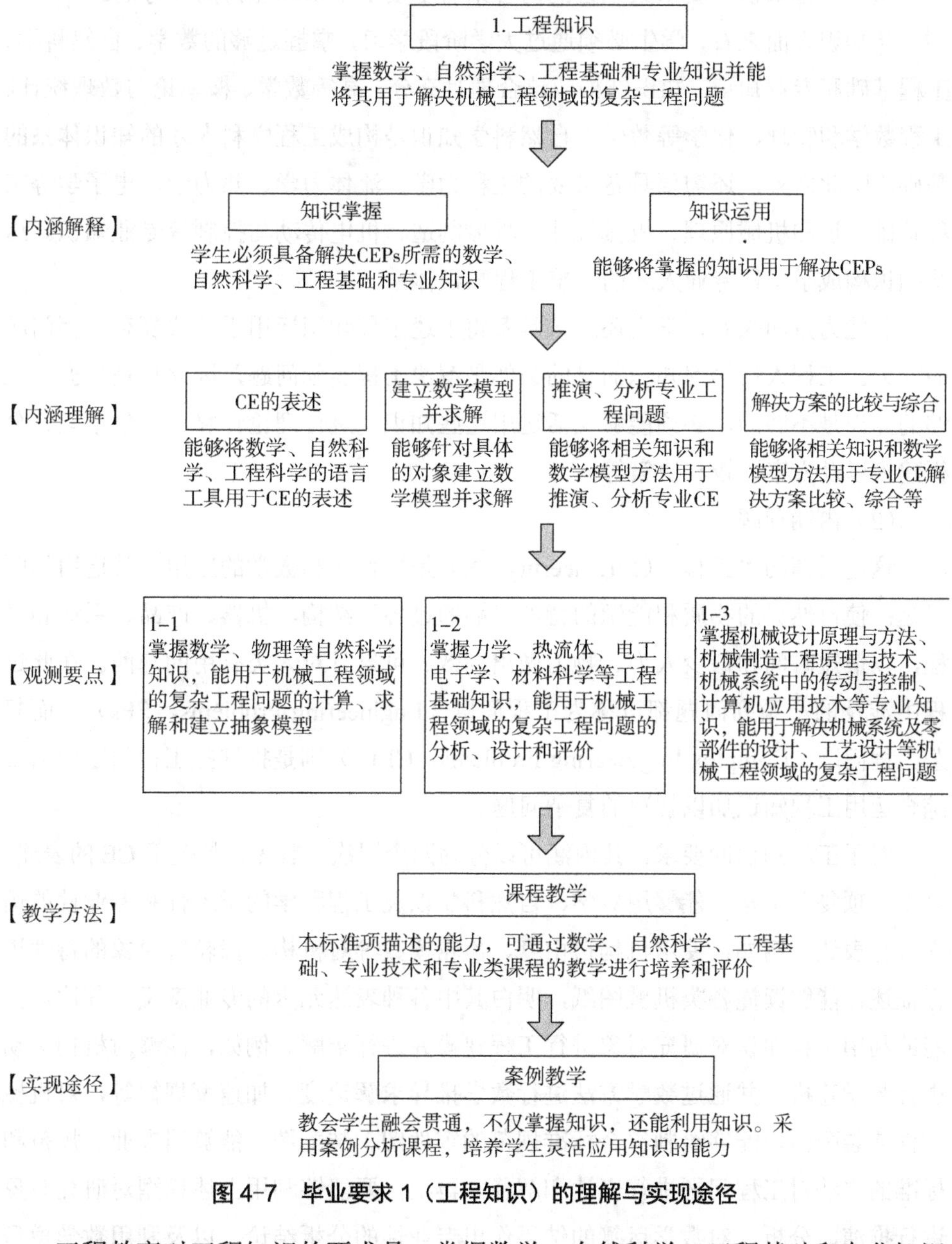

1. 工程知识

掌握数学、自然科学、工程基础和专业知识并能将其用于解决机械工程领域的复杂工程问题

【内涵解释】

知识掌握

学生必须具备解决CEPs所需的数学、自然科学、工程基础和专业知识

知识运用

能够将掌握的知识用于解决CEPs

【内涵理解】

CE的表述	建立数学模型并求解	推演、分析专业工程问题	解决方案的比较与综合
能够将数学、自然科学、工程科学的语言工具用于CE的表述	能够针对具体的对象建立数学模型并求解	能够将相关知识和数学模型方法用于推演、分析专业CE	能够将相关知识和数学模型方法用于专业CE解决方案比较、综合等

【观测要点】

1-1 掌握数学、物理等自然科学知识，能用于机械工程领域的复杂工程问题的计算、求解和建立抽象模型	1-2 掌握力学、热流体、电工电子学、材料科学等工程基础知识，能用于机械工程领域的复杂工程问题的分析、设计和评价	1-3 掌握机械设计原理与方法、机械制造工程原理与技术、机械系统中的传动与控制、计算机应用技术等专业知识，能用于解决机械系统及零部件的设计、工艺设计等机械工程领域的复杂工程问题

【教学方法】

课程教学

本标准项描述的能力，可通过数学、自然科学、工程基础、专业技术和专业类课程的教学进行培养和评价

【实现途径】

案例教学

教会学生融会贯通，不仅掌握知识，还能利用知识。采用案例分析课程，培养学生灵活应用知识的能力

图 4-7　毕业要求 1（工程知识）的理解与实现途径

工程教育对工程知识的要求是：掌握数学、自然科学、工程基础和专业知识

并能将其用于解决复杂工程问题。这是工程专业人才首先必须具备的基础条件。

（1）内涵解释

从"工程知识"要求其包含的内容来看主要是知识和能力两个方面。

从知识方面来看，学生必须通过大学阶段学习，掌握足够的数学、自然科学、工程基础和专业知识。知识结构应该合理且充分，高等数学、概率论与数理统计、工程数学和物理、化学等数学、自然科学知识是构成工程学科人才的知识体系的基础，除此之外，还需要具备必要的工程力学、流体力学、热力学、电子学等工程基础知识和机械原理、机械设计、机械制造、机电传动与控制等专业知识。这些知识构成了工程专业人才的完整工程知识体系。

从能力方面来看，学生还应该具备将上述工程知识运用于解决复杂工程问题的能力。工程人员学习知识的目的必然是解决工程实际问题，因此只是掌握了足够的知识是不够的，必须能够灵活运用这些知识，进行理论计算、数学推理、分析建模以及方案比较与决策等。

（2）内涵理解

这里所谓的"工程"（Engineering，E）是指科学和数学的应用，其通用的解释是：使自然界的物质和能源的特性能够通过各种结构、机器、产品、系统和过程，以最短时间和最少人力、物力做出高效、可靠且对人类有用的东西。在此过程中涉及的一系列问题都可称为工程问题（Engineering Problems，EPs），而复杂工程问题（Complex Engineering Problems，CEPs）则是指这些工程问题中需要综合运用工程知识加以解决的复杂问题。

对于工程知识的要求，其内涵可以分为四个层次。首先，是关于 CE 的表述，对于一项复杂工程，能够用数学、自然科学以及工程科学的学术性和专业性的语言进行表达。例如，使用机构自由度、齿轮模数等对机构、齿轮等对象的特性进行描述，能够读懂各类机械图纸，明白其中各种表达元素的专业意义。其次，要能够利用工程知识对研究对象进行工程建模并进行求解。例如，能够对机构运动进行数学建模，并通过数学方法进行数学推导求解速度、加速度规律等，对机械零件或装配体，能够绘制符合标准规范的零件图、装配图，能够用专业、规范和标准的方法对工程问题进行表达和解释。再次，要能够利用上述模型对研究对象进行推演、分析，对数学运算的结果作出专业性的分析结论，以及利用数学模型进行各类仿真分析，辅助实体模型进行专业研究。最后，还要能够通过上述建模、推理、分析等工作进行不同工程研究方案比较与综合，得到有效的结论，对工程实际起到指导作用。

（3）观测点分析

对"工程知识"的要求可分成三个指标点进行观测和评价，即指标点1-1、1-2、1-3。这三个指标点是按照课程属性进行划分的，指标点1-1是对关于数学、物理等自然科学通识课程及其对专业领域内的工程问题研究的作用进行评测，指标点1-2是对专业基础、学科基础类的课程（或称工程基础课程）知识及其对专业工程问题研究的作用进行评测，指标点1-3则是对专业课程进行评测。

这种按照课程属性划分指标点的方法有利于在以后建立目标实现矩阵时确定各类课程的目标。

（4）教学方法与实现途径

按照课程属性划分的三类工程知识的主要获得途径是课程教学的方式，课程的教学使学生获得相应的知识与能力。具体的教学方式可以多种多样，其中典型的是案例教学，即通过案例，将所学习的知识运用到具体实践中，达到既熟练掌握了知识又能够将所学知识应用到实践中，对实际对象进行相应的建模、计算、分析及比较综合等。

2.问题分析（图4-8）

工程教育对问题分析的要求是：能够应用数学、自然科学和工程科学的基本原理识别、表达与分析CEPs，以获得有效结论。这是工程专业人才在解决工程实际问题时的基本目标，即利用专业知识对工程问题进行表达、识别和分析。

（1）内涵解释

从能力培养角度来看，"问题分析"部分与"工程知识"部分的要求是明显不同的，"工程知识"重点在于知识的应用能力，而"问题分析"重点在于借助于所学知识分析与解决过程问题的能力与方法，主要考查的应该是工程思维能力与解决工程问题的方法论，即在对复杂工程问题进行分析时，首先必须是基于科学原理的，而不是基于其他理论的，如宗教、神话传说等。其次在进行问题分析时应该能够具有一定的分析方法，或者能够在多种分析方法中选择最适当的方法，或通过不同方法进行分析得出结论后能够比较判断各种方法的优劣等。

2. 问题分析

能够应用数学、自然科学和工程科学的基本原理，识别、表达并通过文献研究分析CEPs，以获得有效结论

【内涵解释】

思维能力培养	方法论教学
学会基于科学原理思考问题	掌握分析问题的方法

【内涵理解】

识别和判断CEPs关键环节

能运用相关科学原理，识别和判断CEPs的关键环节

正确表达CEPs

能基于相关科学原理和数学模型方法正确表达CEPs

寻求可替代的解决方案

能认识到解决问题多种方案可选，会通过文献研究寻求可替代的解决方案

获得有效结论

能运用基本原理，借助文献研究，分析过程的影响因素，获得有效结论

【观测要点】

2-1
能够应用数学、物理等自然科学知识和基本原理，进行机械工程领域复杂工程问题的识别、表达

2-2
能够运用力学、热流体、电工电子学、材料科学等工程基础知识和科学基本原理，识别和表达机械工程领域的复杂工程问题

2-3
能够运用机械工程原理、技术和方法，通过文献研究，表达和分析机械工程领域的复杂工程问题，并获得有效结论

【实现途径】

课程教学

本标准项描述的能力可通过数学、自然科学、工程基础及专业基础类课程的教学培养和评价，教学中应强调"问题分析"的方法论，培养学生的科学思维能力

【教学方法】

案例教学

采用案例分析课程，教会学生分析问题的基本思路和方法，启发学生思考，培养学生分析问题的能力

图4-8 毕业要求2（问题分析）的理解与实现途径

（2）内涵理解

对一个复杂工程问题，要能够进行正确的分析与处理，需要经过以下四个过程：

一是要能够判断和识别 CEPs 的关键环节。基于所掌握的工程知识及其运用能力，在面对复杂工程问题时，应该能够进行科学的分析和准确的判断，找到解决问题的关键点，这是解决问题的前提。找不到问题的关键环节，或者关键环节找得不全面不准确，都会使问题的解决难以实现。

二是要能够正确表达 CEPs。这里说的正确表达是应该能够基于科学原理和借助数学模型的方法实现问题的科学表述，而且这种表述应该符合相关的专业标准。科学和正确表达是进一步分析的基础，无法建立正确的数学模型就无法对其进行求解以获得正确的结论。

三是要能够寻求可替代的解决方案。对于同一问题的解决，能够找到不同的方案，当一种方案无法实现时，能够通过其他的替代方案使问题得以解决，这是解决问题的一种变通能力。在寻找解决问题的各种方案时，查阅国内外文献资料，研究和借鉴他人的成果是经常用到的方法。

四是能够得到有效结论。即通过上述各环节，有效运用科学原理，借助于文献研究，对影响工程问题的各种因素进行分析，从而获得有效的结论，使问题得以解决。

（3）观测点分析

与"工程知识"类似，"问题分析"的要求可分成三个指标点进行观测和评价，即指标点 2-1、2-2、2-3，这三个指标点也是按照课程属性进行划分的，指标点 2-1 是运用数学、物理等自然科学通识课程的科学知识和基本原理对 CEPs 进行识别和表达，指标点 2-2 是运用专业基础、学科基础类的课程（或称工程基础课程）的工程基础知识及科学基本原理对 CEPs 进行识别和表达，指标点 2-3 则是运用专业知识如机械工程原理、技术和方法对 CEPs 进行识别和表达，目的都是寻求获得有效的结论，最终实现问题的解决。

（4）教学方法与实现途径

问题分析能力的获得，主要依靠课程教学来实现，部分可以通过项目型学习获得。近年来各高校在创新创业等活动的驱动下，试图通过项目学习的方式替代部分课程学习，也取得了部分成果，但是就目前来看，要使学生获得系统的问题分析能力，系统的课程学习依然是最主要的手段。

在具体课程组织时，可以通过大量的案例教学，借助实际案例引导学生进行问题分析，达到类似项目训练的效果。

3. 设计 / 开发解决方案（图 4-9）

工程教育对该部分的要求是：在考虑安全与健康、法律法规与相关标准，以及经济、环境、文化、社会等制约因素的前提下，能够设计针对复杂工程问题的解决方案，设计满足特定需求的系统或工艺流程，并能够在设计环节中体现创新意识，对机械工程而言，这些问题主要集中于机械系统及其部分单元、零部件等。

（1）内涵解释

在工程实际中面对的问题有时是具体的、明确的，如只是针对产品的某一项或多项特定需求，这时应能够针对明确的问题，提出合理的解决方案，使问题得以解决。例如，设计某个零件使其与其他零件配套使用，实现特定的功能，或对某零件进行修理，恢复其功能，排除设备出现的故障等。

还有一类工程问题，在以上明确的、具体的需求之外，还需要有其他方面的更广泛的考虑，即考虑安全与健康、法律法规与相关标准，以及经济、环境、文化、社会等制约因素的前提下完成问题解决方案的设计与开发。这就要求在满足特定需求时，要对问题有更广泛、更深刻的认识，并在设计方案时有所考虑，如设计的零件应考虑环保问题，有利于零件的回收、再利用，加工时尽量采用无污染、能耗小的加工方式等。

从工程教育的角度来衡量，对这类问题的解决不能只停留在满足明确的、具体的产品需求上，还要同时满足安全、健康、法律、社会、环境（SHLCE）等要求，这才是合理的工程解决方案，也是工程教育追求的目标。

（2）内涵理解

对机械工程问题而言，设计与开发解决方案，主要包含以下含义。

一是能够拥有设计开发的方法和技术，即掌握工程设计和产品开发的全周期、全流程的基本设计、开发方法和技术，了解影响设计目标和技术方案的各种因素。

二是能够完成单元、部件、零件的设计，即针对特定的功能需求，完成单元产品的设计，满足其特定需求。

三是能够进行整个系统或整个工艺流程的设计，这是在单元、部件及零件设计基础之上的更高层次的技术性要求，要求系统内多个单元的运作应该协调配合，在设计开发方案中应体现出创新意识，即不能停留在原来的产品功能的堆砌与复现，而应展示设计方案的时代性，将新的设计理念融入设计方案中。

四是在设计开发解决方案时，应全面考虑安全与健康、法律法规与相关标准，以及经济、环境、文化、社会（SHLCE）等制约因素，这些因素在当今工程设计中越发重要，即设计的产品对操作者、对环境、对社会都必须是友好的，符合社会主流价值观和法律法规等。

（3）观测点分析

可以按照解决问题的类型，将"设计/开发解决方案"的要求划分为三个指标点，即指标点 3-1、3-2、3-3，指标点 3-1 是指在制定针对复杂工程问题的解决方案时能够考虑到各种影响因素，能够选用符合国家、行业或企业内部的相关标准进行相关设计，能够针对具体问题确定合理、可行的技术指标（设计目标）；指标点 3-2 是指能够运用各种自然科学知识、工程基础知识、专业知识及科学基本原理和方法设计出满足特定需求的机械系统或单元部件等；指标点 3-3 则是指能够运用各种自然科学知识、工程基础知识、专业知识及科学基本原理和方法设计出机械制造工艺及各种相关生产工艺。在解决以上问题时，应该体现创新意识，而不是墨守成规，并且在设计开发中能够考虑到各种SHLCE 因素的影响。

（4）教学方法与实现途径

设计/开发解决方案的能力获取一般可以通过实践教学环节来实现，针对培养目标（指标点），设置有针对性的实践教学环节，通过机械原理课程设计（机械原理与设计 I 项目训练）解决机构运动规律的问题，从而实现指标点 3-1 的能力培养；通过机械设计课程设计（机械原理与设计 II 项目训练）解决机械系统的设计问题，从而实现指标点 3-2 的能力培养；通过企业工程实践等环节实现指标点 3-3 的能力培养。

开展实践教学时，要选择适当的案例（项目）来进行。一定要针对培养要求，选择案例和确定设计目标，从而使学生能够得到充分的锻炼。

```
┌─────────────────────────────────────────────────┐
│              3. 设计/开发解决方案                    │
└─────────────────────────────────────────────────┘
```
在考虑安全与健康、法律法规与相关标准，以及经济、环境、文化、社会等制约因素的前提下，能够设计针对CEPs问题的解决方案，设计满足特定需求的机械系统、单元（部件）或工艺流程，并能够在设计环节中体现创新意识

【内涵解释】

```
┌─────────────────────┐        ┌─────────────────────┐
│      狭义内涵          │        │      广义内涵          │
└─────────────────────┘        └─────────────────────┘
```
应能够针对特定需求，完成单体和系统的设计

了解"面向工程设计和产品开发全周期、全流程设计、开发解决方案"基本方法和技术

【内涵理解】

设计开发方法和技术	完成单元部件设计	系统或工艺流程设计	考虑SHLCE等制约因素
掌握工程设计和产品开发全周期、全流程的基本设计、开发方法和技术，了解影响设计目标和技术方案的各种因素	能针对特定需求，完成单元的设计	能进行系统或工艺流程设计，在设计中体现创新意识	在设计中能考虑安全、健康、法律、文化及环境等制约因素

【观测要点】

3-1	3-2	3-3
考虑影响设计目标和技术方案的复杂机械工程问题的各种因素，选用标准和设定技术指标，确定机械产品全生命周期的设计方案	能够应用机械设计的原理和方法，设计满足特定需求的机械系统及零部件。并能够在设计环节中体现创新意识，考虑社会、健康、安全、法律、文化及环境等因素	能够应用机械设计的原理和方法，设计满足特定需求的机械系统及零部件。并能够在设计环节中体现创新意识，考虑社会、健康、安全、法律、文化及环境等因素

【实现途径】

```
┌─────────────────────────────────────────────────┐
│                   实践教学                          │
└─────────────────────────────────────────────────┘
```
本标准项描述的能力可通过设计类专业课程、相关通识课程，以及课程设计、产品或过程设计、毕业设计等实践环节培养和评价

【教学方法】

```
┌─────────────────────────────────────────────────┐
│                   案例教学                          │
└─────────────────────────────────────────────────┘
```
采用案例分析课程，培养学生设计解决方案的能力，介绍基本的设计方法。结合典型案例，为学生介绍如何考虑SHLCE等因素

图4-9　毕业要求3（设计/开发解决方案）的理解与实现途径

4. 研究（图 4-10）

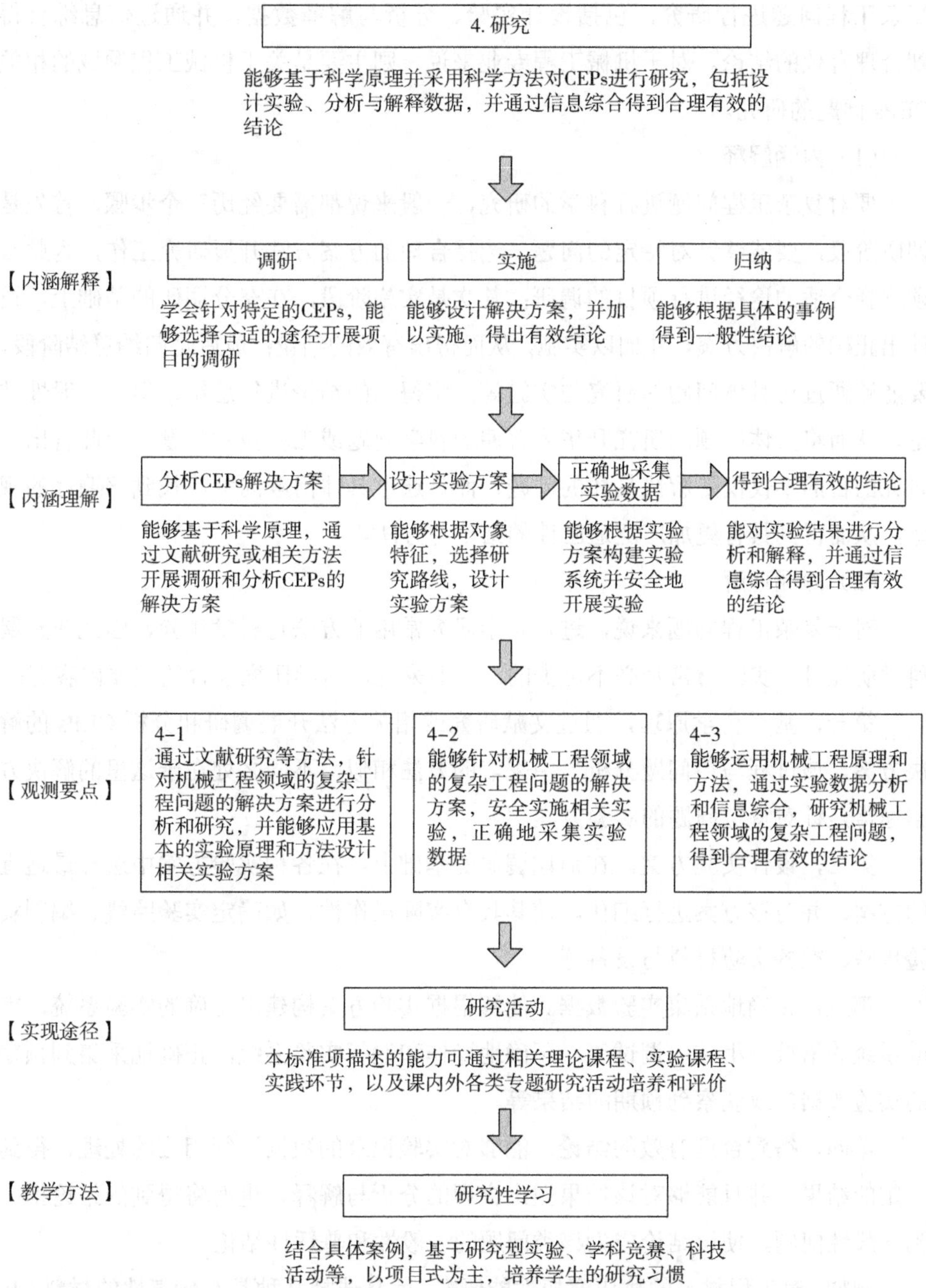

4. 研究
能够基于科学原理并采用科学方法对CEPs进行研究，包括设计实验、分析与解释数据，并通过信息综合得到合理有效的结论

【内涵解释】

调研	实施	归纳
学会针对特定的CEPs，能够选择合适的途径开展项目的调研	能够设计解决方案，并加以实施，得出有效结论	能够根据具体的事例得到一般性结论

【内涵理解】

分析CEPs解决方案 →	设计实验方案 →	正确地采集实验数据 →	得到合理有效的结论
能够基于科学原理，通过文献研究或相关方法开展调研和分析CEPs的解决方案	能够根据对象特征，选择研究路线，设计实验方案	能够根据实验方案构建实验系统并安全地开展实验	能对实验结果进行分析和解释，并通过信息综合得到合理有效的结论

【观测要点】

4-1 通过文献研究等方法，针对机械工程领域的复杂工程问题的解决方案进行分析和研究，并能够应用基本的实验原理和方法设计相关实验方案	4-2 能够针对机械工程领域的复杂工程问题的解决方案，安全实施相关实验，正确地采集实验数据	4-3 能够运用机械工程原理和方法，通过实验数据分析和信息综合，研究机械工程领域的复杂工程问题，得到合理有效的结论

【实现途径】

研究活动
本标准项描述的能力可通过相关理论课程、实验课程、实践环节，以及课内外各类专题研究活动培养和评价

【教学方法】

研究性学习
结合具体案例，基于研究型实验、学科竞赛、科技活动等，以项目式为主，培养学生的研究习惯

图 4-10　毕业要求 4（研究）的理解与实现途径

工程教育对"研究"部分的要求是：能够基于科学原理并采用科学方法对复杂工程问题进行研究，包括设计实验、分析与解释数据，并通过信息综合得到合理有效的结论。对于机械工程专业来说，则主要是关于机械工程领域的相关CEPs问题的研究。

（1）内涵解释

要对复杂工程问题进行科学的研究，一般来说都需要经历三个步骤，首先是调研阶段，要能够针对特定的问题，选择合理的方案方法开展研究工作，为此必须选择合适的途径进行项目的调研；其次是实施阶段，在充分调研的基础上，设计出正确的解决方案，并加以实施，从而得出有效的结论；最后是归纳总结阶段，要能够通过对具体问题的研究与实验等，将得到的结论进行总结，得出一般性结论，从而将具体问题的研究升华为普遍的科学问题或工程技术问题。由此看出，研究的目的不仅仅是解决具体的问题，而是通过具体问题的解决找到普遍性的规律，从而得到具有更加广泛适应性的结论与方法。

（2）内涵理解

对于复杂工程问题来说，进行科学研究常用的方法是科学实验，因此在开展科学研究时，实验常常是必不可少的。一般来说，科学研究包含的主要内容有：

第一，基于科学原理，通过文献研究或相关方法开展调研和分析CEPs的解决方案。该过程与"问题分析"中采取的方法相似，不同之处在于这里的解决方案通常是针对特定问题的实验方案。

第二，设计实验方案。在前期调研的基础上，在各种实验方案中选择最适宜的方案，并对该方案进行细化，使其具有实际操作性，如确定实验路线、编制实验步骤、准备实验材料与设备等。

第三，正确地采集实验数据。能够根据实验方案构建出正确的实验系统，完成系统的搭接、组装、调试等，正确地操作和运行实验系统，正确地采集到预期的实验数据，或观察到预期的结果等。

第四，得到合理有效的结论。能够对实验记录的数据进行相应的处理，得到一定的结果，并且能够对该结果做出合理的分析与解释，进而将得到的结论推广到一般性问题，使该结论成为该类问题的一般性和普适性结论。

例如，对工程材料的拉压弯扭性能研究，就是选择几种具有代表性的材料（45

钢、HT150 铸铁等），设计并开展实验，得到实验数据，然后对数据进行分析、综合，得出不同材料的性能，最后将这个结论推广到不同类型的材料，从而得到典型的材料类型所具有的力学性能。

（3）观测点分析

按照科学研究的实施步骤，可以将整个研究过程划分成实验方案确定、实验过程开展及数据分析与综合三个阶段，因此对"研究"的观测评价也可以从这三个方面展开，即指标点 4-1、4-2、4-3 三个指标点。指标点 4-1 是指通过文献研究等方法，针对复杂工程问题的解决方案进行分析和研究，并能够应用基本的实验原理和方法设计相关实验方案；指标点 4-2 是指能够针对复杂工程问题的解决方案，安全实施相关实验，正确地采集实验数据；指标点 4-3 则是指能够运用工程原理和方法，通过实验数据分析和信息综合，研究复杂工程问题，得到合理有效的结论。每一个指标点的含义与上述解释是相同的。

（4）教学方法与实现途径

研究能力需要通过各种研究活动来获取，这些研究活动可以分布在各个教学环节，如课程的理论部分，可以获得科学研究的理论基础，对于实验方案的确定、实验数据的分析与综合等都至关重要；实验课程是开展研究的典型环节，需要通过合理的实验安排与设计，使研究的各个阶段都能够得到锻炼；实习实践、大学生科技活动、学科竞赛环节等都是开展科学研究的很好的机会，结合具体的案例，以项目形式开展特定目标的研究活动，逐步培养学生科学研究的习惯，将工程活动不仅仅局限在解决具体的工程问题，更将其升华为一般性的工程问题，甚至是科学问题，得到更加普适性的结论。

5.使用现代工具（图 4-11）

工程教育对该部分的要求是：能够针对 CEPs，开发、选择与使用恰当的技术、资源、现代工程工具和信息技术工具，对 CEPs 进行预测与模拟，并能够理解其局限性。

现代工程技术不可避免地要使用现代工具和信息技术工具等。现代工具最具代表性的就是大型工程软件，如对物体进行三维实体建模、进行实体仿真的软件，对机构进行运动学动力学仿真的软件、有限元分析软件等。熟练掌握这些软件，并借助于这些软件的功能进行工程设计研究，对设计对象的实体机性能进行预测分析，可以大大缩短产品研发的周期，大幅节约研发投入，是现代工程中经常采用的方法。广义的现代工具还包括现代仪器设备，比如用来研究包括绝缘体在内的固

┌─────────────────────────────────┐
│   5. 使用现代工具   │
└─────────────────────────────────┘

能够针对CEPs，开发、选择与使用恰当的技术、资源、现代工程工具和信息技术工具，包括对CEPs的预测与模拟，并能够理解其局限性

【内涵解释】

选择	使用	开发
学会针对特定的CEPs，能够选择合适的途径开展项目的调研	能够设计解决方案，并加以实施，得出有效结论	能够根据具体的事例得出一般性结论

【内涵理解】

使用原理和方法	CEPs分析、计算与设计	模拟和预测专业问题
了解专业常用的现代仪器、信息技术工具、工程工具和模拟软件的使用原理与方法，并理解其局限性	能够选择与使用恰当的仪器、信息资源、工程工具和专业模拟软件，对CEPs进行分析、计算与设计	能够针对具体的对象，开发或选用满足特定需求的现代工具，模拟和预测专业问题，并能够分析其局限性

【观测要点】

5-1	5-2	5-3
掌握机械专业常用信息技术工具的使用原理和方法，能够运用计算机和互联网等现代信息技术工具获取信息	能够选择、使用、开发机械工程环境中的现代仪器、工具和工程软件，对机械工程领域的复杂工程问题进行分析、计算与设计	能够应用恰当的技术和工具，对机械工程领域的复杂工程问题进行预测与模拟，并能够理解其局限性

【实现途径】

┌─────────────────────────────────┐
│   专业课程与实验   │
└─────────────────────────────────┘

本标准项描述的能力可通过相关的专业基础课程、专业课程和实践环节培养和评价

【教学方法】

┌─────────────────────────────────┐
│   课程的每一个阶段   │
└─────────────────────────────────┘

在课程的每一个阶段，为学生介绍相应的工具，并进行训练

图4-11 毕业要求5（使用现代工具）的理解与实现途径

体材料表面结构的原子力显微镜、用来测试印刷压力的专用测试仪以及信息技术工具，又如用来辅助机械产品设计的数字化手册等各类数字资源，各种计算机语言如 C、VC++、Python、Java 等。

（1）内涵解释

使用现代工具包含的内容很明确，即合理选择、正确使用和有效开发。目前可供使用的工程软件种类繁多，需要从价格、兼容性、可扩展性以及安全性等多角度进行综合考量，做出合理选择；使用时应深入了解工程软件的特点，在充分发挥其优势的前提下，必须明确其局限性，并尽量避免；在软件使用过程中，还可以针对特定的工程问题，对现有软件进行开发设计，或设计新的软件满足特定要求，实现特定功能。所以这里所说的开发具有多层含义，初级的开发是指在原有软件的基础上通过设置参数，增加产品库、配件库等手段，使其更利于某类产品的开发或分析模拟；中级的开发是指在利用现有工程软件的开放功能进行二次开发，使其具有新的功能；高级的开发则是开发全新的工程软件，满足新的需求，或替代现有工程软件。

（2）内涵理解

使用现代工具主要需要完成以下工作：

一是要充分理解现代工具的使用原理和方法。要能够了解专业常用的现代仪器、信息技术工具、工程工具和模拟软件的使用原理和方法，并理解其局限性。理解使用对象的局限性是为了在做出选择时能够扬长避短，做出正确选择。

二是利用现代工具对复杂工程问题进行分析、计算与设计。能够选择与使用恰当的仪器、信息资源、工程工具和专业模拟软件，对 CEPs 进行分析、计算与设计。

三是利用现代工程工具实现对专业问题的模拟和预测。能够针对具体的对象，开发或选用满足特定需求的现代工具，模拟和预测专业问题，并能够分析其局限性。

在使用现代工具时有两点十分重要，首先是正确理解、判断和选择，要能够对现代工具的性能特点了如指掌，才能明白其优势与劣势，在选用时才能扬长避短，对未来可能出现的问题才能进行正确的分析和判断，找到问题出现的原因，对对象的模拟才能更加符合现实，相关的预测才能更加准确；还有一点就是现代工具的开发利用，不论是专用的控制软件还是新型实验仪器，如果在开展研究与设计中，现有的工具无法满足需要，就需要自行进行开发，从而得到新的结论，这是进行工程创新的重要手段。

（3）观测点分析

按照处理问题的不同将"使用现代工具"的要求划分为三个指标点，即指标点 5-1、5-2、5-3。

指标点 5-1 是指能够掌握专业领域内常用的信息技术工具的使用原理和方法，能够运用计算机和互联网等现代信息技术工具获取信息。包括专业内有哪些期刊、杂志、网站可以查阅检索，有哪些主要工程软件可以使用，有哪些主要实验仪器设备可以开展哪些实验研究，这些仪器设备、工具、软件各自有哪些特点等，都要做到心中有数。

指标点 5-2 是指能够选择、使用、开发工程环境中的现代仪器、工具和工程软件，对复杂工程问题进行分析、计算与设计。可以看出，在进行分析研究时，必须能够基于对现有的仪器设备、工具、软件的全面了解而做出适当的选择，进而正确使用，如果都不满意，则需要自行进行开发，如对现有仪器设备进行改造、编写特定的计算机程序等。

指标点 5-3 是指能够运用恰当的技术和工具，对复杂工程问题进行预测和模拟，并能够理解其局限性。例如，模拟机构的运动情况、零件的微观受力情况，对结构内部受损程度进行预测与预警等。很多工作是难以在实际环境中进行的，学生应该具备这方面的基本能力，以使工程顺利开展，或起到事半功倍的作用。

（4）教学方法与实现途径

可以通过专门课程来获得使用现代工具的能力，如 C 语言课程可以获得编程的能力，工程图学课程可以获得实体建模的能力，有限元方法与应用课程可以获得有限元分析的能力。也可以在课程实验中通过选择和使用适当的现代工具完成能力的获取，还可以在各种课程、项目学习阶段利用各种信息手段进行资料收集、检索等获取信息检索与处理能力等。

6. 工程与社会（图 4-12）

工程教育对该部分的要求是：能够基于工程相关背景知识进行合理分析，

评价专业工程实践和复杂工程问题解决方案对社会、健康、安全、法律以及文化（SHSLC）的影响，并理解应承担的责任。

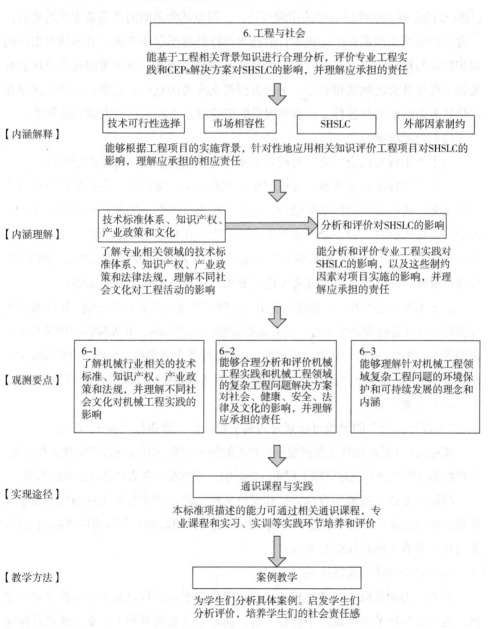

【内涵解释】

【内涵理解】

【观测要点】

【实现途径】

【教学方法】

图 4-12　毕业要求 6（工程与社会）的理解与实现途径

（1）内涵解释

要求能够根据工程项目的实施背景，针对性地应用相关知识评价工程项目对SHSLC的影响，理解应承担的相应责任。工程与社会之间的关系是本项的重点，一方面在实施工程项目中讨论项目的技术可行性时不仅要考虑社会环境对工程的切实需求与推动作用，也要考虑社会对技术的制约因素，以及考虑社会市场的容量和工程与社会之间的相容性。另一方面要充分考虑社会、健康、安全、法律和文化各方面的影响与各种工程意外因素的影响以及工程对这些方面的反作用。

（2）内涵理解

关于"工程与社会"之间的相互关系，可以从以下两个方面进行理解：

一是关于技术标准体系、知识产权、产业政策与文化等。不同的社会拥有不同的文化，也拥有不同的法律法规，在此基础上会产生不同的产业政策及技术标准等，而这些会对工程活动产生重大影响。因此在从事工程活动时必须考虑相应的社会特点，在社会允许的范围内开展活动，即工程活动要符合法律法规的要求、符合产业政策的要求、符合社会道德的要求、符合技术标准的要求等。

二是工程活动对社会、健康、安全、法律以及文化又会产生影响。因此要在工程活动时及时分析和评价工程活动对这些方面产生的影响，并理解影响后果及应承担的责任。例如，是否对环境造成污染，是否影响操作者健康，是否影响公共安全，是否违反相关法律或公序良俗，一旦出现这些后果需要如何处理，承担何种责任等。

（3）观测点分析

"工程与社会"的要求可以划分为两个指标点，即指标点 6-1、6-2。

指标点 6-1 是指能够了解机械行业相关的技术标准、知识产权、产业政策和法规，并理解不同的社会文化对机械工程实践的影响，重点在于考查社会对工程的影响。

指标点 6-2 是指能够合理分析和评价机械工程实践和机械工程领域的复杂工程问题解决方案对社会、健康、安全、法律及文化的影响，并理解应承担的责任，重点在于考查工程对社会的影响。

（4）教学方法与实现途径

该项能力的获取可以通过相关的通识课程、专业课程以及实习实践等环节进行，也可在各环节进行过程中进行评价。在理论讲解的基础上，重点通过具体案例进行分析研讨，以及针对具体项目进行实际训练。

7. 环境和可持续发展（图 4-13）

7. 环境和可持续发展

能够理解和评价针对CEPs的工程实践对环境、社会可持续发展的影响

【内涵解释】

建立环境和可持续发展的意识	能关注、理解和评价环保、社会和谐，以及经济、生态、人类社会可持续的问题

能够根据工程项目的实施背景，针对性地应用相关知识评价工程项目对SHSLC的影响，理解应承担的相应责任

【内涵理解】

知晓和理解环保和可持续发展的理念和内涵认知	→	思考专业工程实践的可持续性

知晓和理解环境保护和可持续发展的理念和内涵

能够站在环境保护和可持续发展的角度思考专业工程实践的可持续性，评价产品周期中可能对人类和环境造成的损害和隐患

【观测要点】

7-1　能理解针对机械工程领域复杂工程问题的环境保护和可持续发展的理念和内涵	7-2　能够分析和评价针对机械工程领域复杂工程问题的工程实践对环境、可持续发展方面的影响

【实现途径】

相关课程与实践

本标准项描述的能力可通过涉及生态环境、经济社会可持续发展知识的相关课程，以及专业课程和实践环节培养和评价

【教学方法】

讲座及案例教学

开设讲座，结合国内外案例，帮助学生正确认识并评价工程实践对客观世界的影响

图 4-13　毕业要求 7（环境与可持续发展）的理解与实现途径

工程教育对该部分的要求是：能够理解和评价针对复杂工程问题的工程实践对环境、社会可持续发展的影响。

（1）内涵解释

现代工程技术人员应该建立起环境保护意识和可持续发展的意识，不能只从专业技术角度开展工程研究，也不能只关注工程的经济价值，而忽视其社会价值。所以在实施工程项目过程中要时刻关注与工程相关的环保问题、生态问题、社会和谐问题以及人类社会可持续发展的问题等，理解二者之间的相互作用与相互影响，并能够对相互影响做出正确的评价。

（2）内涵理解

我国已经将环境保护和可持续发展确定为国家的发展战略，可以看出其重要性。因此每个人都应该首先建立起环境意识和可持续发展的意识，一举一动都应该不忘环境保护，因为人类的所有活动都会对环境造成巨大的影响，而环境问题的剧烈变化反过来又会给人类带来反作用，进而影响到人类社会的可持续发展。因此从宏观角度来看，任何以破坏环境为代价的经济增长都是不科学的和不可持续的。从"科学发展观"开始，到现在的"生态文明建设"，保护环境与可持续发展的理念已经深入每个人的内心。

对工程人员来说，其在开展工程实践活动时，也必须思考工程实践的可持续性问题，如果工程活动对环境和可持续发展带来较大负面影响，这种活动就是不可持续的。因此必须站在环境保护和可持续发展的角度思考工程实践的可持续性发展的问题，客观地评价产品在全生命周期中可能对人类和环境造成的损害和隐患。

（3）观测点分析

"环境与可持续发展"的要求是从理解和行动两个层次上进行观测评价，因此划分为两个指标点，即指标点7-1、7-2。

指标点7-1是指能够理解针对复杂工程问题的环境保护和可持续发展的理念和内涵。也就是说，在开展复杂工程问题时必须关注和考虑到环境保护问题和可持续发展问题，必须认识到工程问题不仅仅是技术问题，也不仅仅是经济问题，更不能将工程问题与环境问题、可持续发展问题看成两个对立的问题，或者一个问题的两个对立方面，二者是既相互影响、相互制约，又相互促进相互融合的，对其内涵的理解是考查的关键点。

指标点 7-2 是指能够分析和评价针对复杂工程问题的工程实践造成的环境、可持续发展方面的影响。在开展工程实践时确定的各种方案都要考虑到对环境和可持续发展的影响，不仅仅是为了提高速度、提高效率等；当工程的实施可能给环境带来较大影响时，就必须考虑由此带来的工程本身的可持续性是否持久，并进一步考虑调整工程方案，将工程与可持续发展同步推进，这是在本指标点评价时要重点考查的。

（4）教学方法与实现途径

环境问题、可持续发展问题等社会问题需要通过涉及生态、环保、经济、社会等知识的相关课程以及专业课程、实践课程等环节来培养和获得，也可以通过讲座等形式进行学习。通常课程中涉及上述方面的学习可以在学生心中建立起环境保护的基本理念，一些社会活动如专题社会调查、志愿者服务等，可以强化环保的理念。专业上的案例教学以及项目式研究、科研活动等则是培养和锻炼学生在工程与环境保护、可持续发展互动发展方面非常有效的方法。

8. 职业规范（图 4-14）

工程教育对该部分的要求是：热爱祖国，拥有健康的体魄，具有人文社会科学素养、社会责任感，能够在工程实践中理解并遵守工程职业道德和规范，履行责任。

（1）内涵解释

一个合格的工程师应该符合一定的职业规范，这主要体现在三个方面，一是应该具有一定的人文社会科学素养，并且应该与社会乃至整个国家的价值观相一致。因此要求学生应该树立和践行社会主义核心价值观，正确理解个人与社会的关系，了解中国国情，明确个人作为社会主义事业建设者和接班人所肩负的责任和使命。二是应该具有工程职业道德规范。工程团体内的人员必须共同遵守道德规范和职业操守，诚实公正，诚信守则。三是应该具有较强的社会责任，必须理解工程师对公众的安全、健康和社会福祉以及环境保护的社会责任，能够在工程实践中自觉遵守和履行责任。

8. 职业规范

热爱祖国，拥有健康的体魄，具有人文社会科学素养、社会责任感，能够在工程实践中理解并遵守工程职业道德和规范，履行责任

【内涵解释】

人文社会科学素养	工程职业道德规范	社会责任
学生应树立和践行社会主义核心价值观，理解个人与社会的关系，了解中国国情，明确个人作为社会主义事业建设者和接班人所肩负的责任和使命	工程团体的人员必须共同遵守的道德规范和职业操守，诚实公正、诚信守则	理解工程师所肩负的公众的安全、健康和福祉，以及环境保护的社会责任，能够在工程实践中自觉履行责任

【内涵理解】

正确的价值观	诚实公正、诚信守则	社会责任感
有正确价值观，理解个人与社会的关系，了解中国国情	理解诚实公正、诚信守则的工程职业道德和规范，并能在工程实践中自觉遵守	理解工程师所肩负的公众的安全、健康和福祉，以及环境保护的社会责任，能够在工程实践中自觉履行责任

【观测要点】

8-1 具备一定的人文和社会科学知识，树立和践行社会主义核心价值观，具有人文社会科学素养和社会责任感以及社会主义事业建设者和接班人的责任感和使命感	8-2 理解工程师的职业性质和责任，并能在工程实践中自觉遵守诚实守信等职业道德和规范，履行责任

【实现途径】

思政课程与社会实践、社团活动

本标准项描述的能力可通过思想政治、人文艺术、工程伦理、法律、职业规范等课程，以及社会实践、社团活动等实践环节培养和评价。工程职业道德的培养应落实到学生基本品质的培养，如诚实公正（真实反映学习成果，不隐瞒问题，不夸大或虚构成果等）；诚信守则（遵纪、守法、守时、不作弊，尊重知识产权等）

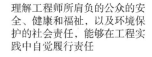

【教学方法】

思政教育

将思政教育有机融入社会实践、工程实践当中，培养学生的工程职业道德、社会责任感，考核评价时更关注学生的行为表现

图 4-14　毕业要求 8（职业规范）的理解与实现途径

（2）内涵理解

职业规范是合格工程师的必要要求，是开展工程项目的必要条件和前提保障，不遵守职业规范的工程师和工程技术人员，在工程实践中一旦出现职业规范方面的失误，影响很可能是巨大的，有时甚至可能给社会给国家带来难以挽回的损失。因此在工程教育阶段加强对工程师的职业规范教育十分重要。

工程师必须遵守的职业规范可以从上述三个方面来理解，即必须具有正确的人生观、世界观和价值观，诚实公正、诚信守则，同时还要具有强烈的社会责任感。

最能体现一个人的人文社科素养的是他的人生观、世界观和价值观，其中价值观与职业规范的关系尤为紧密。我国是一个具有中国特色的社会主义国家，所有公民共同遵守的是社会主义核心价值观，要充分理解并遵守这种共同的价值观，才能充分理解个人与社会、个人与国家的关系，了解我国的基本国情，同时认识到个人肩负的责任和使命。

诚实公正、诚信守则是社会主义核心价值观的一部分，是每一个公民应该遵守的道德底线。对工程师来说，这也是在工程实践中必须遵守的职业底线，守住这个底线，就不会有以次充好，不会有弄虚作假，不会有假冒伪劣，也不会有豆腐渣工程。

作为整个社会的一名成员，合格的工程师还要具有更加强烈的社会责任感，要认识到其从事的工程活动，无论是为社会生产何种产品，都对社会公众的安全健康与生态环境造成潜在的影响，因此每一名工程师都应当充分认识到肩上的责任，并勇于承担起这一重任。

在我国基础教育中经常提到的"德、智、体、美、劳"，其德育和美育部分在"卓越计划"和工程教育体系中都归于职业规范，可见职业规范对人才培养的重要性。

（3）观测点分析

职业规范是素质要求，主要体现在两个方面，即其拥有的价值观是否符合社会要求和对自身应承担的社会责任的认识是否深刻。在评价时可以从这两方面进行，因此对"职业规范"的评价划分为两个指标点，即指标点 8-1、8-2。

指标点 8-1 是指具备一定的人文和社会科学知识，树立和践行社会主义核心价值观，具有人文社会科学素养和社会责任感以及社会主义事业建设者和接班人的责任感和使命感。这是每一个普通公民都应当遵守的，是社会主义核心价值观的具体体现，当然也是合格工程师所必须满足的条件。

指标点 8-2 是指理解工程师的职业性质和责任，并能在工程实践中自觉遵守诚实守信等职业道德和规范，履行责任。这是合格工程师对社会的责任担当在工程中的具体体现，也是工程师区别于其他公众的特殊之处。

（4）教学方法与实现途径

职业规范标准项描述的能力可以通过多个途径来获取，比如通过思想政治、人文艺术、工程伦理、法律法规、职业道德等课程以及社会实践、社团活动等环节来培养和评价。工程师职业道德的培养应落实到学生基本品质的培养上，在此基础上加强工程伦理、职业道德等方面的教育，将良好的道德品质与职业活动相结合，从而实现职业道德的提升，同时应加强职业规范标准的教育，使学生走向职场后能够对职业规范不陌生，发乎内心、自觉自愿地遵守。

在加强思政教育时要注意方式方法，以润物细无声的方式将思政教育融入各项活动中，在坚定学生的政治方向的基础上加强个人品德修养的培养。

9. 个人和团队（图 4-15）

工程教育对该部分的要求是：具有团队合作精神，能够在多学科背景下的团队中承担个体、团队成员以及负责人的角色。

（1）内涵解释

该标准项要求学生能够在团队中承担不同的角色。目前的工程工作及各类社会活动都会涉及不同学科领域的知识和人员，需要大家相互合作。工程中涉及的设计、生产、销售、服务等各项工作都需要多学科协调配合。在社会、生活活动中也有各种性格特点、技术特长的人员，需要大家能够团结合作，和谐相处。同学团队中各成员可能是同班、同专业的同学，即具有相同的学科背景和教育背景，也可能是来自不同专业、学科的同学，具有不同的学科背景，甚至是不同学历的教育背景（如由本科生和研究生组成的团队等）。实际工作或生活中组成的团队，成员则可能更为复杂。

9. 个人和团队

具有团队合作精神，能够在多学科背景下
的团队中承担个体、团队成员以及负责人
的角色

【内涵解释】

| 涉及不同学科领域的知识和人员 | 设计、生产、市场、服务等也需要不同学科的人员协作 | 社会、生活各种活动中相互支持与协作 |

要求学生能够在多学科背景下的团队中，承担不同的角色

【内涵理解】

| 有效沟通，合作共事 | 独立或合作开展工作 | 组织、协调和指挥团队开展工作 |

能与团队内其他成员
有效沟通，合作共事

能够在团队中独立或合
作开展工作

能够组织、协调和指
挥团队开展工作

【观测要点】

| 9-1 具有健全的人格和健康身心，具备一定的人际交往能力 | 9-2 能够在多学科背景下的团队中承担不同的角色，与团队其他成员进行有效合作，并承担相应责任 |

课内外各种教学活动

【实现途径】
本标准项描述的能力可通过课内外的各种教学活动，通过跨学
科团队任务，合作性学习活动培养和评价，并通过合理的评分
标准，评价学生的表现

团队协作

【教学方法】
开设工作坊课程，采用案例教学，教会大家如何打造技术团
队，理解在团队中如何独立工作，如何互相协作

图 4-15　毕业要求 9（个人和团队）的理解与实现途径

（2）内涵理解

个人与团队之间的关系并不将学科属性作为重点，而是主要考虑每个人在团队中所从事的工作分工与所起的作用。对人的个体来说，既具有独立人的属性又具有社会性，因此这里强调人在团队中既要发挥每个人的特长，具有独立开展工作的能力；又能够完全融入团队中，与团队成员协调配合。首先，必须具有融洽的同事关系，即常说的同事关系良好，因此个人与团队之间的关系问题首先是体现个人的素养问题，能够与同事和谐相处便体现出具有较高的个人素养，反之整天钩心斗角甚至大吵大闹，严重影响工作，即体现出个人素养低下。其次，个人与团队之间的关系还表现在个人在团队内部要能够独立或合作开展工作，涉及独立工作的部分能够具有较强的工作能力，独立圆满完成该部分工作；同时涉及与他人相互交叉、相互关联的工作，则能够与他人有效沟通和协调，保证整体工作和分项工作都能顺利推进；而有些工作需要大家一起共同完成，则需要相互配合、相互补充，从大局出发推进工作的展开。还有一点尤为重要，如果在团队中承担领导或领袖角色，则必须能够组织、协调和指挥团队开展工作，保证工作的有效推进，这既体现的是个人的素质又体现的是个人的能力。

（3）观测点分析

对"个人与团队"的要求划分为两个指标点，即指标点 9-1、9-2。

指标点 9-1 是指能够具有健全的人格和健康的身心，具备一定的人际交往能力。本指标点要求的能力素质，是学生进入社会必须具有的基本能力素质。健全的人格保证了学生走向社会后不会走向歧途，能够与社会和他人共处，健康的身心保证了学生走向社会后能够积极乐观豁达开朗地面对社会和他人。

指标点 9-2 是指能够在多学科背景下的团队中承担不同的角色，与团队其他成员进行有效合作，并承担相应责任。当然这里考查的是学生在团队当中与他人合作的有效性，而不是考查其在团队中的作用的大小。个人承担的角色、所起的作用、所处的地位不作为考核点，但其在团队中有效推进工作的开展则可以被分别对待，如作为团队的组织者，如果未能协调好成员之间的矛盾导致工作无法展开，就需要进入考核范畴，但如果是因为技术难度过大超出了现有团队的技术能力而导致工作受到影响，则可以不作为考核范畴，个人的工作亦是如此。

（4）教学方法与实现途径

"个人与团队"的培养目标可以通过课内外各种教学、实践活动实现。例如，课程中设置任务由团队完成或实验时多人组成小组共同完成实验，参加各类社团活动、科研活动、企业实践等，都是培养"个人与团队"目标的途径。

团队协作时要明确团队成员的分工，让每个人都清楚自己承担的任务，这样才能既独立完成各自工作又相互协调推进整体工作。有些人可能重点承担协调和沟通的任务，但要尽量避免团队中有人浑水摸鱼，因此在设计教学方法时明确任务是十分重要的。

10. 沟通（图 4-16）

工程教育对该部分的要求是：能够就复杂工程问题与业界同行及社会公众进行有效沟通和交流，包括能够理解和撰写效果良好的报告和设计文件，进行有效的陈述发言；掌握一门外语，能够比较熟练地阅读专业的外文书刊资料，具备一定的国际视野，能够在跨文化背景下进行沟通和交流。

（1）内涵解释

本项主要考核学生与他人的交流能力。人与人之间需要必要的交流沟通，这是人在社会环境中与他人相处的基础。从专业上来说，为了能够实现团队成员之间的正常合作，必要的交流是必不可少的。因此沟通能力既是一个人在社会上正常生活和与人交往的需要，也是工程技术人员开展团队合作活动的需要。培养学生的沟通能力，可以使其在工作中更容易被同事所接受，其工作成绩更容易被认可，遇到的困难更容易获得帮助。

（2）内涵理解

有效的沟通更多地体现为人的能力。首先表现为能够与人有效地交流，相互合作开展工作。通常情况下表现为语言能力，即能够清晰表达思想且能够说服他人接受其观点。在专业上，有效的沟通则可以多种形式表现，比如口头交流、文字表达以及图片、图表、曲线、音视频等，通过这些手段准确地表达自身的观点，回应质疑。同时应能够理解与同行或社会公众在交流中的差异性。

在开展国际合作时，沟通能力表现为应该了解相关专业领域的国际发展趋势和研究热点，同时理解和掌握不同文化的差异性和多样性。这就要求在具备一定沟通表达能力的基础上还要具备一定的知识储备和相互理解、相互尊重的品质。

10. 沟通

能够就CEPs与业界同行及社会公众进行有效沟通和交流，包括能够理解和撰写效果良好的报告和设计文件，进行有效的陈述发言；掌握一门外语，能够比较熟练地阅读机械工程专业的外文书刊资料，具备一定的国际视野，能够在跨文化背景下进行沟通和交流

【内涵解释】

针对专业问题 进行有效沟通		国际视野与跨文化交流

要求学生能够在多学科背景下的团队中，承担不同的角色，以及在社会、生活中正常与他人交流互动

【内涵理解】

有效沟通，合作共事	独立或合作开展工作	组织、协调和指挥团队开展工作

能就专业问题，以口头、文稿、图表等方式，准确表达自己的观点，回应质疑，理解与业界同行和社会公众交流的差异性

了解专业领域的国际发展趋势、研究热点，理解和尊重世界不同文化的差异性和多样性

具备跨文化交流的语言和书面表达能力，能就专业问题，在跨文化背景下进行基本沟通和交流

【观测要点】

10-1 具有良好的沟通表达能力，能够就复杂机械工程问题撰写报告和设计文稿，并能就相关问题准确表达自己的观点，回应质疑，理解与业界同行和社会公众交流的差异性	10-2 具备一定的国际视野，能够就机械专业问题进行跨文化背景的沟通与交流

【实现途径】

研讨课，学术交流

本标准项描述的能力可通过相关理论和实践课程、学术交流活动、专题研讨活动培养。通过合理的评分标准，评价学生的表现

【教学方法】

团队协作

开设工作坊课程，采用案例教学，教会大家如何打造技术团队，理解在团队中如何独立工作，如何互相协作

图 4-16 毕业要求 10（沟通）的理解与实现途径

在进行跨文化交流与合作时，沟通还体现在应具有一定的跨文化的语言和文字表达能力，即具备一定外语的口语能力和文字能力，能够顺利阅读外文文献，能够就相关话题或专业问题在跨语言、跨文化的背景下进行基本沟通和交流。当然多数情况下，指的是英语能力。

（3）观测点分析

可以将沟通能力分为专业领域内的表达交流与跨文化背景下的专业表达与交流两个方面进行测评，即指标点 10-1、10-2。

指标点 10-1 是指能够具有良好的沟通表达能力，能够就复杂工程问题撰写报告和设计文稿，并能就相关问题准确表达自己的观点，回应质疑，理解与业界同行和社会公众交流的差异性。该指标点所说的沟通表达能力，当然也包括了语言表达能力，即能够清晰地运用专业语言或工程语言陈述专业或工程问题。也包括能够就专业问题撰写报告和设计文稿，表达思路清晰，逻辑性强。在相互交流、回应质疑时能够清晰完整地表达自己的观点并让对方明白。具有一定的语言能力和语言技巧，能够理解并尊重他人的不同观点。

指标点 10-2 是指能够具备一定的国际视野，能够就专业问题进行跨文化背景的沟通与交流。该指标点强调的重点是国际交流，需要对不同地域、不同民族的文化习俗、文明禁忌等有所了解，也要对专业领域的不同国家技术发展情况有所了解。语言应用能力是考核的重点能力之一。

（4）教学方法与实现途径

沟通通常是通过相互接触和交流来实现的，在大学期间经常参加各类社团活动可以培养沟通的能力。培养方案中则是以各类师生互动、同学相互协作等形式进行锻炼和提高，如课程学习期间善于表达自己的观点，在课堂上勇于发言，就专业问题进行有效讨论；研讨课积极准备，精心策划，既要充分表达自己的观点，又要展现个人魅力。多参加各类学术活动，特别是一些国际交流活动，如国际学术会议、国际展览会、辩论会等，学习和提高外语表达能力。

在教学设计上，则可以通过开设工作坊、案例教学等方式，培养学生团队协作的意识和能力，并在团队中学会与他人相处，学会表达自己的观点和理解他人的观点等，在课程中安排学生进行演讲，撰写演讲稿，制作 PPT 等演示文稿，适当鼓励学生之间相互辩论，甚至安排适当的角色扮演等。这是在课程安排上培养沟通能力的常用方法。

11. 项目管理（图 4-17）

11. 项目管理

理解工程管理原理与经济决策基本方法，并能够应用于多学科环境的工程实践中

【内涵解释】

工程管理原理——过程管理

按照工程项目或产品的设计和实施的全周期、全流程进行的过程管理，包括多任务协调、时间进度控制、相关资源调度、人力资源配备等

经济决策方法——成本分析

对工程项目或产品的设计和实施的全周期、全流程的成本进行分析和决策的方法

【内涵理解】

理解工程管理与经济决策问题

了解工程及产品全周期、全流程的成本构成，理解其中涉及的工程管理与经济决策问题

运用工程管理与经济决策方法

能在多学科环境下（包括模拟环境），在设计开发解决方案的过程中，运用工程管理与经济决策方法

【观测要点】

11-1
了解工程及产品全生命周期的成本构成，理解并掌握机械工程项目或产品涉及的工程管理原理与经济决策方法

11-2
在多学科环境下设计开发解决方案的过程中，能够运用工程管理和经济决策方法

【实现途径】

相关课程、实践环节

本标准项描述的能力可通过涉及工程管理和经济决策知识的相关课程，以及设计类、研究类、实习实训类实践环节培养和评价

【教学方法】

工作坊，案例教学

开设工作坊课程，采用案例教学，培养学生们做好项目管理的软硬技能，教会学生们做好项目管理
主要评价方法有过程考核、项目进度、方案经济性评价、同学间互评等

图 4-17　毕业要求 11（项目管理）的理解与实现途径

工程教育对该部分的要求是：理解工程管理原理与经济决策基本方法，并能够应用于多学科环境的工程实践中。

（1）内涵解释

对工程项目进行科学的管理可以保证工程项目顺利有序地开展、按时结束，并保证工程项目质量达到预期目标。项目管理实质上是过程管理，以及按照工程项目或产品的设计和实施的全周期、全流程进行过程管理，包括多任务协调、时间进度控制、相关资源调度、人力资源分配等。

对工程项目而言，其管理包括技术管理和经济管理两个方面。经济管理常采用的是基于成本分析的经济决策方法，即对工程项目或产品的设计和实施的全周期、全流程的成本进行分析和决策的方法。

（2）内涵理解

对工程技术人员来说，项目管理指的主要是工程项目管理，因此在"卓越计划"和工程教育认证中所说的项目管理指的主要也是工程项目，实施、考核也是针对工程项目来展开的。

要理解工程项目管理的内涵，先要了解工程及产品全周期、全流程的概念，是从工程或产品的规划、设计、实施、使用、维修直到报废的全部生命周期，因此工程项目的管理是对上述的全周期、全流程的管理。要了解工程或产品全生命周期的成本构成，理解其中涉及的工程管理与经济决策问题。

理解工程管理原理和经济决策方法后，将这些方法应用于工程管理当中，实现有效的项目管理。特别是面对越来越多的复杂工程，应该能够在多学科环境下（包括模拟环境），在设计开发解决方案的过程中，熟练运用工程管理与经济决策方法。

（3）观测点分析

实施中可以将"项目管理"的要求划分为两个指标点，即指标点 11-1、11-2。

指标点 11-1 是指能够了解机械工程及产品全生命周期的成本构成，理解并掌握机械工程项目或产品涉及的工程管理原理与经济决策方法。本指标点属于知识掌握范畴，要求能够了解全生命周期的概念，需要有具体环节学习工程项目管理的原理、方法等，理解企业发展规划与工程项目管理、设备管理等之间的关系，从项目前期规划开始到项目生命周期结束，在全生命周期内项目管理的内容和方法都要进行较为详细的学习。

指标点 11-2 是指能够在多学科环境下设计开发解决方案的过程中，运用工程管理和经济决策方法。本指标点主要考查上述知识能否在具体工程方案中得到运用。学生阶段很难遇到大型工程项目，但小型的项目还是有不少的，按照项目管理的原理方法进行全过程管理，做好人员调配、任务分工、进度计划以及实施方案的技术经济性分析等，都是判断学生运用项目管理原理和经济决策方法进行项目管理效果好坏与质量优劣的手段。

（4）教学方法与实现途径

项目管理的相关理论一般是以特定的课程学习来实现的，如现代设备管理、生产运行管理、精益生产等课程。这些课程应该针对项目任务，在全生命周期中涉及的管理理论与方法进行较为系统的介绍，使学生能够明白项目管理的基本原理与方法。其中应用最多的依然是案例教学，即通过具体案例的实施，迅速理解管理的项目知识，也可以在课程运行中布置适当的学习项目来模拟项目管理的过程。其他项目管理的学习途径则是众多的设计类、研究类、实习实训类的实践教学环节以及大学生科研计划、创新创业训练项目等具体的项目。还有一些项目如暑期社会实践、参与社区活动、学校社团组织的活动等也可对项目管理能力有所提升，但一般不作为考核时的测评点。对项目管理的主要评价方法有过程考核、项目进度汇报、方案经济学评价以及同学间的互评等。

12. 终身学习（图 4-18）

工程教育对该部分的要求是：具有自主学习和终身学习的意识，有不断学习和适应发展的能力。

（1）内涵解释

本标准项强调终身学习的能力，是因为学生未来的工作将面对新技术、新产业、新业态、新模式的挑战，学科专业之间的交叉融合将成为社会技术进步的进行时，所以必须建立终身学习的意识，具备终身学习的思维和行动能力。

（2）内涵理解

首先必须建立终身学习的意识，在社会发展的大背景下，认识到自主学习和终身学习的必要性。其次必须具备自主学习和终身学习的行动能力。在学校教育阶段，很多时候，学生都是处于一种被动的状态中，课堂上教师讲解，学生认真听讲，虽然也有互动，但是效果不佳。老师为改变这种现状会有意识地设计一些自学环节，采取项目学习、小组学习等方式鼓励学生发挥学习的自主性。也有不少教育工作者在探索注入翻转课堂等自主学习的教学方式，彻底改变学校的被动教学方式，真正做到以学生为本的教育，但这些目前仍处于研究探索阶段，没有普及。而终身学习必须体现为自主学习，因此如何在学校阶段培养自主学习的能力就非常重要，养成了自主学习的意识和思维习惯，就养成了终身学习的意识和思维习惯；具备了自主学习的能力，就具备了终身学习的能力。

（3）观测点分析

考查学生是否都具有终身学习的能力，一是看学生是否都具有自主学习的意识和思维习惯；二是看学生是否都具有学习的能力。因此可以把"终身学习"划分为两个指标点进行考查，即指标点 12-1、12-2。

指标点 12-1 是指能够正确认识自主学习和终身学习的必要性，具有自主学习和终身学习的意识。应该认识到自主学习和终身学习是必要的，在老师布置的自学环节能够拥有正确的态度，认真去完成相关任务，而不是敷衍了事，蒙混过关。在对课程或课外的问题产生疑问时，会想到采取一些措施或通过一些途径将疑问解决，从这个角度讲，自主学习的意识又来源于兴趣，即在学习生活各方面多培养自己的兴趣，有了兴趣就有了探究的动力，所以在课程内容设置上，或课外活动的设计上要适当考虑学生的兴趣，从兴趣上培养自主学习意识。

指标点 12-2 是指能够掌握自主学习的方法，具有不断学习和适应社会发展的能力。学习方法很重要，需要通过长期的学习、探索和训练。学习方法本身是需要学习才能获得的，需要不断积累。例如，如何开展项目调研进行数据收集，如何进行信息检索处理，如何制订学习计划等，甚至如何才能正确感知社会变化大致方向也是学习能力的一部分。考查时一般通过具体项目来测评自学能力。

（4）教学方法与实现途径

终身学习能力一般是通过自主学习项目来锻炼和获得的。因此在目标实现中，一般可以安排一定的自主学习或研讨教学环节，教师把握学习的方向和节奏，引导学生逐步深入，达到自学的目的。也可以通过其他环节进行培养，如实践教学、学科竞赛、大学生科技计划、创新创业活动等。学科竞赛是提高自学能力的理想措施，既可以通过竞赛实现青年人之间的相互学习交流，又可以针对具体的工程任务，自行设计方案，并加以实现，这期间不可避免地要自学很多课本以外的知识，对自学能力的提高很有帮助。

12. 终身学习

具有自主学习和终身学习的意识，有不断学习和适应发展的能力

【内涵解释】　建立终身学习的意识　　　　具备终身学习的思维和行动能力

本标准强调终身学习的能力，是因为学生未来的职业发展将面临新技术、新产业、新业态、新模式的挑战，学科专业之间的交叉融合将成为社会技术进步的新趋势，所以必须建立终身学习的意识，具备终身学习的思维和行动能力

【内涵理解】　认识到自主学习和终身学习的必要性　　　具备自主学习和终身学习的能力

能在社会发展的大背景下，认识到自主和终身学习的必要性

具有自主学习的能力，包括对技术问题的理解能力、归纳总结的能力和提出问题的能力等

【观测要点】

12-1
正确认识自主学习和终身学习的必要性，具有自主学习和终身学习的意识

12-2
掌握自主学习的方法，具有不断学习和适应社会发展的能力

【实现途径】　自主式、项目式教学环节

本标准项描述的能力可通过自主式、项目式教学环节以及课内外实践环节培养和评价

【教学方法】　启发式和研讨教学

和同学们开研讨会，讨论技术的原理、方法及实现。启发同学快速把握新兴技术的本质

图4-18　毕业要求12（终身学习）的理解与实现途径

附录

附录 A "卓越工程师教育培养计划" 通用标准

本通用标准规定卓越计划各类工程型人才培养应达到的基本要求，是制定行业标准和学校标准的宏观指导性标准。本通用标准分为本科、硕士和博士三个层次。

一、本科工程型人才培养通用标准

1. 具有良好的工程职业道德、追求卓越的态度、爱国敬业和艰苦奋斗的精神、较强的社会责任感和较好的人文素养；

2. 具有从事工程工作所需的相关数学、自然科学知识以及一定的经济管理等人文社会科学知识；

3. 具有良好的质量、安全、效益、环境、职业健康和服务意识；

4. 掌握扎实的工程基础知识和本专业的基本理论知识，了解生产工艺、设备与制造系统，了解本专业的发展现状和趋势；

5. 具有分析、提出方案并解决工程实际问题的能力，能够参与生产及运作系统的设计，并具有运行和维护能力；

6. 具有较强的创新意识和进行产品开发和设计、技术改造与创新的初步能力；

7. 具有信息获取和职业发展学习能力；

8. 了解本专业领域技术标准，相关行业的政策、法律和法规；

9. 具有较好的组织管理能力，较强的交流沟通、环境适应和团队合作的能力；

10. 应对危机与突发事件的初步能力；

11. 具有一定的国际视野和跨文化环境下的交流、竞争与合作的初步能力。

二、工程硕士人才培养通用标准

1. 具有良好的工程职业道德、追求卓越的态度、爱国敬业和艰苦奋斗的精神、较强的社会责任感和较好的人文素养；

2. 具有良好的市场、质量、职业健康和安全意识，注重环境保护、生态平衡和可持续发展；

3. 具有从事工程开发和设计所需的相关数学、自然科学、经济管理等人文社会科学知识；

4. 掌握扎实的工程原理、工程技术和本专业的理论知识，了解新材料、新工艺、新设备和先进生产方式以及本专业的前沿发展现状和趋势；

5. 具有创新性思维和系统性思维的能力；

6. 具有综合运用所学科学理论、分析与解决问题的方法和技术手段，独立地解决较复杂工程问题的能力；

7. 具有开拓创新意识和进行产品开发与设计的能力，以及工程项目集成的基本能力；

8. 具有工程技术创新和开发的基本能力和处理工程与社会与自然和谐共存的基本能力；

9. 具有信息获取、知识更新和终身学习的能力；

10. 熟悉本专业领域技术标准，相关行业的政策、法律和法规；

11. 具有良好的组织管理能力、较强的交流沟通、环境适应和团队合作的能力；

12. 具有应对危机与突发事件的基本能力和一定的领导意识；

13. 具有国际视野和跨文化环境下的交流、竞争与合作的基本能力。

三、工程博士人才培养通用标准

1. 具有良好的工程职业道德、追求卓越的态度、爱国敬业和艰苦奋斗的精神、较强的社会责任感和较好的人文素养；

2. 具有良好的市场、质量、职业健康和安全意识，注重环境保护、生态平衡、社会和谐和可持续发展；

3.具有从事大型工程研究和开发、工程科学研究所需的相关数学、自然科学、经济管理等人文社会科学知识;

4.系统深入地掌握工程原理、工程技术、工程科学和本专业的理论知识,熟悉新材料、新工艺、新设备和先进制造系统以及本专业的最新发展状况和趋势;

5.具有战略性思维、创新性思维和系统性思维的能力;

6.具有综合运用所学科学理论、分析与解决问题的方法和技术手段,独立地解决复杂工程问题的能力;

7.具有复杂产品开发和设计能力、复杂工程项目集成能力以及处理工程与社会和自然和谐共存的能力;

8.具有工程项目研究和开发能力、工程技术创新和开发的能力以及工程科学研究能力;

9.具有知识更新、知识创造和终身学习的能力;

10.熟悉本专业领域技术标准,相关行业的政策、法律和法规;

11.具有大型工程系统的组织管理能力,较强的交流沟通、环境适应和团队合作的能力;

12.具有应对危机与突发事件的能力和一定的领导能力;

13.具有宽阔的国际视野和跨文化环境下的交流、竞争与合作能力。

附录 B "卓越工程师培养计划" 机械行业标准

一、机械行业机械工程专业本科工程型人才培养标准

总则

本标准系依据《"卓越工程师培养计划"通用标准（讨论稿）》制定，旨在为培养机械工程及自动化专业的本科生提出其应达到的知识、能力与素质的专业要求。可以简称为机械本科标准。

本科机械工程师主要从事产品的生产、营销、服务或工程项目的施工、运行、维护。按照本标准培养的机械工程及自动化专业的本科学生，达到了见习机械工程师技术能力要求，可获得见习机械工程师技术资格。

1. 掌握一般性和专门的工程技术知识及具备初步相关技能

1.1　具备从事工程工作所需的工程科学技术知识以及一定的人文和社会科学知识（对应通用标准 1、2）

（1）工程科学：以数学和相关自然科学为基础，一般应包括数学或数值技术、测试与试验、误差理论与数据处理的应用。

（2）工程技术：包括工程力学，如理论力学、材料力学、流体力学、热力学，以及传热学、电工电子学、控制理论、材料科学、计算机技术等相关学科的知识，侧重于应用工程技术知识解决实际工程问题。

（3）工程制图：掌握工程制图标准和各种机械工程图样表示方法，熟悉机械工程相关标准。

（4）人文和社会科学：具备基本的工程经济、管理、社会学、情报交流、法律、环境等人文与社会学的知识。熟练掌握一门外语，可运用其进行技术的沟通和交流。

1.2　掌握工程基础知识和本专业的基本理论知识及具备解决工程技术问题的初步技能（对应通用标准 4、6、8）

（1）机械设计原理与方法：掌握机械产品设计的基本知识与技能；熟悉机械零、部件计算机辅助设计；了解实用设计方法和现代设计方法。

（2）掌握常用工程材料的种类、性能，以及材料性能的改进方法；能够针对零、部件性能要求合理选材。

（3）熟悉机械制造工艺的基本技术内容、方法和特点，了解特种加工、表面工程技术的基本技术内容、方法和特点；熟悉工艺过程与工艺装备设计；了解生产线和车间平面布置设计的基本知识。了解分析解决现场出现的工艺问题的方法。

（4）熟悉机械制造主要设备的工艺范围、设计原则与程序以及技术经济评价指标，熟悉工艺装备验证的有关知识。

（5）了解本专业的发展现状和趋势。

1.3　具备机械系统的传动与控制基本知识及解决工程技术问题的初步技能

（1）熟悉常用传动与控制技术，能够进行常用传动与控制设备，零、部件的选择、调试和维护。

（2）掌握流体传动、电动机、电器、拖动控制等原理，具备初步分析、处理机、电、液传动与控制系统的能力。

（3）了解机械制造自动化的有关知识。

1.4　具备机械系统检测与质量管理的基本知识及解决工程技术问题的初步技能

（1）熟悉机械产品及零部件的检测技术及机械精度的检测方法，并具备解决相关问题的能力。

（2）了解质量管理和质量保证体系。

（3）了解过程控制的方法和基本工具。

1.5　具备计算机应用及数控技术的基本知识及解决工程技术问题的初步技能

（1）熟悉本岗位计算机应用的相关基本知识。

（2）了解计算机辅助技术。

（3）掌握计算机数控（CNC）系统的构成、作用，能够进行数控编程、调试和维护。

（4）掌握计算机网络常用软件的特点及应用。

1.6　了解本专业领域技术标准（对应通用标准 8）

2. 生产运作系统的设计、运行和维护或解决实际工程问题的系统化训练，初步具备解决工程实际问题的能力（对应通用标准 3、5、6）

（1）熟悉市场、用户需求以及技术发展的调研方法，具备编制支持产品形成过程的策划和改进方案的能力。

（2）在参与工程解决方案的设计、开发过程中，具备影响因素（如成本、质量、环保性、安全性、可靠性、外形、适应性以及环境影响等）分析，以及找出、评估和选择完成工程任务所需的技术、工艺和方法，确定解决方案的能力。

（3）具备参与制订实施计划以及实施解决方案、工程任务并参与相关评价的能力。

（4）具备参与改进建议的提出，并主动从结果反馈中学习和积累知识与技能的能力。

（5）具备较强的创新意识和进行产品开发和设计、技术改造与创新的初步能力。

3. 掌握项目及工程管理的基本知识并具备参与能力（对应通用标准 1、8、9、10）

（1）具有一定的质量、环境、职业健康安全和法律意识，在项目实施和工程管理中具备参与贯彻实施的能力。

（2）具备使用合适的管理方法，管理计划和预算，组织任务、人力和资源，以及应对危机与突发事件的初步能力，能够发现质量标准、程序和预算的变化，并采取恰当措施的能力。

（3）初步具备参与管理、协调工作、团队，确保工作进度，以及参与评估项目，提出改进建议的能力。

4. 具备有效沟通与交流的能力（对应通用标准 9、11）

（1）能够使用技术语言，在跨文化环境下进行沟通与表达。

（2）具备较强的人际交往能力，能够控制自我并了解、理解他人需求和意愿。

（3）具备较强的适应能力，自信、灵活地处理新的和不断变化的人际环境和工作环境。

（4）具备收集、分析、判断、归纳和选择国内外相关技术信息的能力。

（5）具备团队合作精神，并具备一定的协调、管理、竞争与合作的初步能力。

5. 具备良好的职业道德，体现对职业、社会、环境的责任（对应通用标准 1、3、7）

（1）具有遵守职业道德规范和所属职业体系的职业行为准则的意识。

（2）具有良好的质量、安全、服务和环保意识，并积极承担有关健康、安全、福利等事务的责任。

（3）为保持和增强其职业素养，具备不断反省、学习、积累知识和提高技能的意识和能力。

二、机械行业机械工程相关专业硕士工程型人才培养标准

总则

本标准系依据《"卓越工程师培养计划"通用标准（讨论稿）》制定，旨在为培养机械工程相关专业的硕士工程师提出其应达到的知识、能力与素质的专业要求。可以简称为机械硕士标准。硕士工程师主要从事产品或工程项目的设计与开发。按照本标准培养的机械工程相关专业的硕士具备了从事机械工程师岗位工作的基本能力，经过两年的工程实践，可申请获得机械工程师技术资格。

1. 具备从事工程开发和设计的一般性和专门的工程技术知识，了解本专业的前沿发展现状和趋势

1.1　具有从事工程开发和设计所需的工程科学技术知识以及人文科学知识（对应通用标准 1、3）

（1）工程科学以数学和相关自然科学为基础，一般应包括数学或数值技术、模拟、仿真和测试与试验的应用。

（2）工程技术包括工程力学，如理论力学、材料力学、流体力学、热力学等，以及传热学、电工电子学、控制理论、材料科学、计算机技术等相关学科的知识，注重原理性知识的掌握与探究，并侧重发现和解决实际工程问题。

（3）工程制图：掌握工程制图标准和各种机械工程图样表示方法。熟悉机械工程相关标准。

（4）人文科学：具备较丰富的工程经济、管理、社会学、情报交流、法律、环境等人文知识。至少熟练掌握一门外语，可运用其进行技术交流。

1.2 掌握扎实的机械工程原理、工程技术及本专业的理论知识，了解新材料、新工艺、新设备和先进生产方式以及本专业的前沿发展现状和趋势（对应通用标准4、11）

（1）机械设计原理与方法：

①掌握机械设计规范及相关国家标准；

②掌握机械产品、过程设计的知识、方法与技术；

③能熟练进行零、部件以及机械系统的设计，并能用计算机进行辅助设计；

④熟悉实用设计方法、创新设计和现代设计方法。

（2）掌握常用工程材料的种类、性能，以及材料性能的改进方法。能针对零、部件性能要求合理选材。掌握本工作领域最新工程材料的种类及应用。了解工程材料的发展。

（3）机械制造工程原理与技术：

①掌握制定工艺过程的基本知识与技能，熟悉本领域机械制造工艺的基本技术内容、方法和特点并掌握某些重点，熟悉工艺方案和工艺装备的设计知识；

②熟悉特种加工、表面工程技术的基本技术内容、方法和特点；

③熟悉生产线设计和车间平面布置与设计。

（4）熟悉机械制造主要设备的工艺范围、设计原则与程序以及技术经济评价指标，熟悉工艺装备验证的有关知识。

（5）了解本专业的发展现状和趋势。

1.3 具备机械系统的传动与控制的系统知识及解决工程技术问题，进行系统设计的初步技能

（1）掌握扎实的电工、电子技术，能够分析、设计、改进模拟电路和设计电路；

（2）掌握常用传动与控制技术，掌握机械传动、流体传动、电机、电气、拖动控制等原理，能够进行机、电、液传动与控制系统的分析、设计、调试与维护；

（3）掌握机械系统信号采集、描述、分析、控制的知识与技术；

（4）熟悉机械制造自动化的有关知识。

1.4　具备机械系统检测与质量管理的系统知识及解决工程技术问题，进行系统设计的初步技能

（1）熟悉机械产品及零、部件的检测技术及机械精度的检测方法，熟悉现代数字化检测技术；

（2）熟悉质量管理和质量保证体系；

（3）熟悉过程控制的方法和基本工具。

1.5　具备计算机应用及数控技术的系统知识及解决工程技术问题，进行系统设计的初步技能

（1）熟悉本岗位计算机应用的相关基本知识；

（2）了解计算机辅助技术；

（3）了解计算机数控（CNC）系统的构成、作用；

（4）掌握计算机仿真的基本概念和计算机网络常用软件的特点及应用；

（5）掌握 CAPP/CAM 系统的基本概念、基本功能和工作流程；

（6）熟练应用专业的建模软件进行产品的三维虚拟设计、加工过程仿真和产品装配仿真，应用专业的虚拟样机分析软件进行运动学、动力学和结构分析。

1.6　了解本专业领域技术标准（对应通用标准 11）

2. 具备应用适当的理论和实践方法，分析解决工程问题的能力（对应通用标准 1、2、5、6、7、8）

（1）熟悉市场、用户需求以及技术发展的调研方法，具备编制支持产品形成过程的策划和改进方案的能力。以及探索和发现本专业的新技术、新材料、新应用领域的能力；

（2）具备整合资源，主持综合性工程任务解决方案的设计、开发，考虑成本、质量、安全性、可靠性、外形、适应性以及对环境的影响的能力，能够创造性地发现、评估和选择完成工程任务所需的方法和技术，确定解决方案；

（3）能够在考虑约束条件的前提下，制订实施计划；

（4）能够主导实施解决方案，完成工程任务，制定评估解决方案的标准并参与相关评价；

（5）具备对实施结果与原定指标进行对比评估的能力。

3. 参与项目及工程管理（对应国家通用标准 7、9、11、12）

（1）掌握本行业相关的政策、法律和法规；在法律法规规定的范围内，按确定的质量标准、程序开展工作；

（2）能够与项目相关方（委托人、承包商、供应商等）协商、约定；

（3）具备建立和使用合适的管理体系，组织并管理计划和预算，协调组织任务、人力和资源的能力，提升项目组工作质量；

（4）具备应对危机与突发事件的能力，洞察质量标准、程序和预算的变化，并采取恰当的措施，确保项目或工程的顺利进行；

（5）具备指导和主持项目或工程评估的能力，能够提出改进建议。

4. 有效的沟通与交流能力（对应通用标准 10、12、13）

（1）能够使用技术语言，在跨文化环境下进行沟通与表达；

（2）能够进行工程文件的编纂，如可行性分析报告、项目任务书、投标书等，并可进行说明、阐释；

（3）具备较强的人际交往能力，能够控制自我并了解、理解他人的需求和意愿；

（4）具备较强的适应能力，自信、灵活地处理新的和不断变化的人际环境和工作环境；

（5）能够紧跟本领域最新技术发展趋势，具备收集、分析、判断、选择国内外相关技术信息的能力；

（6）具备团队合作精神，并具备较强的协调、管理、竞争与合作的能力。

5. 具备良好的职业道德，体现对职业、社会、环境的责任（对应通用标准 1、8、10）

（1）熟悉本行业适用的主要职业健康安全、环保的法律法规、标准知识。熟悉企业员工应遵守的职业道德规范和相关法律知识。遵守所属职业体系的职业行为准则，并在法律和制度的框架下工作；

（2）具有良好的质量、安全、服务和环保意识，并承担有关健康、安全、福利等事务的责任；

（3）为保持和增强其职业能力，能够检查自身的发展需求，制订并实施继续职业发展计划。

三、机械行业机械工程相关专业博士工程型人才培养标准

总则

本标准系依据《"卓越工程师培养计划"通用标准（讨论稿）》制定，旨在为培养机械工程相关专业博士工程师提出其应达到的知识、能力与素质的专业要求。可以简称为：机械博士标准。博士工程师主要从事复杂产品或大型工程项目的研究、开发以及工程科学的研究。

1. 具备从事大型或复杂工程技术问题研究和系统产品设计开发的基本技能，系统深入地掌握了专门的工程技术知识和理论，了解本专业的技术现状和发展趋势

1.1　具有从事大型或复杂工程问题研究和系统产品设计开发、工程技术科学研究所需的相关数学、自然科学、经济管理以及人文社会科学知识

（1）具有深厚的数学和自然科学基础；

（2）具备基本的工程经济、管理、社会学、情报交流、法律、环境等人文与社会学的知识，并对环境保护、生态平衡、可持续发展等社会责任有较深入的认知和理解。

1.2　系统深入地掌握机械工程领域专门性的工程技术理论和方法

（1）掌握机械工程原理、工程技术、工程科学和本专业的系统理论和方法；

（2）对系统工程涉及的交叉技术有广泛深入理解，并对现代社会问题、对工程与世界和社会的影响关系等有独立的认识；

（3）熟悉机械工程领域新材料、新工艺、新设备和先进制造系统以及本专业的最新状况和发展趋势。

（4）熟练应用、深入理解建立在现代计算机技术基础上的先进制造体系，包括以设计为中心的虚拟产品开发与设计，以制造为中心的虚拟制造，以管理、控制为中心的企业资源管理，以及建立在先进制造工艺基础上的先进制造工厂。

1.3　熟悉本专业领域技术标准

2. 具备从复杂系统中发现并提取关键技术进而提出系统解决方案的能力、掌握采用最优化技术路线和方法解决工程实际问题的能力

（1）具有确立市场、发现用户需求的洞察能力。能够在本职领域内，预测市场开发所需要核心技术的归纳能力；掌握综合评估成本、质量、安全性、可靠性、外形、适应性以及对环境影响的系统分析方法；

（2）具有系统运用机械工程领域一般性原理及本专业理论与方法的综合能力，有将新兴技术或其他行业技术创造性地应用于解决实际工程问题的构思、设计以及技术完善等的研究过程并获得成功的经历；

（3）掌握在复杂系统中发现并筛选出不确定性因素的分析方法；掌握开展工程研究所需的测试、验证、探索，假设检验和论证，收集、分析、评估相关数据，起草、陈述、判断和优化设计方案的基本方法和综合技术；

（4）主导实施解决方案，确保方案产生预期的结果；

（5）制定评估解决方案的标准并参与相关评价；

（6）对实施结果与原定指标进行对比评估；

（7）主动汲取从结果反馈的信息，进而改进未来的设计方案。

3. 具备参与项目及工程管理的能力

（1）掌握本行业相关的政策、法律和法规；在法律法规规定的范围内，按确定的质量标准、程序开展工作；

（2）具有组织协调、衔接本项目适应技术和管理变化需求的能力；

（3）具有设计、预算、组织、指挥和管理大型工程系统，整合必要人力和资源的基本能力；

（4）能够建立适宜的管理系统，认可质量标准、程序和预算，组织并领导项目组，协调项目活动，完成任务；

（5）具有应对突发事件的能力，能够洞察质量标准、程序和预算的变化，并采取相应的修正措施，指导项目或工程的顺利进行；

（6）具备领导并支持团队及个人的发展，评估团队和个人工作表现，并提供反馈意见的能力；

（7）能够指导和主持项目或工程评估，提出改进建议，持续改进质量管理水平。

4. 具备有效的沟通与交流能力

（1）能够使用技术语言，在跨文化、跨区域、跨行业环境下进行沟通与表达；

（2）能够制定工程文件，如可行性分析报告、项目任务书、投标书等，并可进行说明、阐释；

（3）具备较强的人际交往能力，能够控制自我并了解、理解他人需求和意愿，在团队中发挥领导作用；

（4）具备较强的适应能力，自信、灵活地处理新的和不断变化的人际环境；

（5）能够紧跟本领域最新技术发展趋势，具备收集、分析、判断、选择国内外相关技术信息的能力；

（6）具备团队合作精神，并具备较强的协调、管理、竞争与合作的能力。

5. 具备良好的职业道德，体现对职业、社会、环境的责任

（1）熟悉本行业适用的主要职业健康安全、环保的法律法规、标准知识。熟悉企业员工应遵守的职业道德规范和相关法律知识。遵守所属职业体系的职业行为准则，并在法律和制度的框架下工作；

（2）具有良好的质量、安全、服务和环保意识，并承担有关健康、安全、福利等事务的责任；

（3）为保持和增强其职业能力，具备检查自身的发展需求，制订并实施继续职业发展计划的能力和坚定地追求卓越的态度。

附录 C　清华大学机械工程专业本科"卓越工程师教育培养计划"

培养标准

一级目标	二级目标	三级目标
1. 应掌握的基础知识与专业技能	1.1 人文社会科学等的基本知识	1.1.1 科学发展史知识 1.1.2 政治经济学知识 1.1.3 哲学知识 1.1.4 马列主义、毛泽东思想、邓小平理论、三个代表、科学发展观、习近平新时代中国特色社会主义思想等 1.1.5 思想道德修养与法律基础
	1.2 文化素质	1.2.1 历史与文化 1.2.2 语言与文学 1.2.3 科技与社会 1.2.4 当代中国与世界 1.2.5 艺术教育 1.2.6 法学、经济与管理
	1.3 自然科学与工程技术的基础知识	1.3.1 数学与逻辑思维知识 1.3.2 相关自然科学基础 1.3.3 信息技术基本知识 1.3.4 工程技术
	1.4 机械工程及自动化专业知识	1.4.1 对机械工程问题进行系统表达、建立模型、分析求解和论证的能力 1.4.2 在机械工程实践中初步掌握并使用各种技术、技能 1.4.3 运用机械工程领域中现代化工程工具的能力 1.4.4 了解机械工程及自动化专业前沿发展现状和趋势 1.4.5 机械工程及自动化中的计算机应用技能
	1.5 基本技能	1.5.1 基本实验方法与技能 1.5.2 设计系统、仪器、部件的能力 1.5.3 实施解决方案、完成工程任务的能力 1.5.4 归纳、整理、分析实验结果，撰写报告和参与交流的能力

一级目标	二级目标	三级目标
2. 应具备能力	2.1 沟通、交流与文字表达能力	2.1.1 能够使用技术语言，在跨文化环境下进行沟通与表达 2.1.2 至少能熟练掌握一门外语 2.1.3 能够进行工程文件的编纂 2.1.4 具有一定的人际交往能力，有一定的团队合作意识
	2.2 发现、分析和解决问题的能力	2.2.1 具备收集、分析、判断、选择国内外相关技术信息的能力 2.2.2 具有整合资源，分析需求、细化任务，提出解决方案的能力 2.2.3 主导实施解决方案，完成工程任务，制定评估解决方案的标准并参与相关评价 2.2.4 提出改善工程产品、系统、服务效能的方案
	2.3 批判性思考和创造性工作的能力	2.3.1 掌握在复杂系统中发现并筛选出不确定性因素的分析方法 2.3.2 主动汲取从结果反馈的信息，进而改进未来的设计方案 2.3.3 创造性地发现、评估和选择完成工程任务所需的方法和技术，确定解决方案 2.3.4 较强的创新意识和进行产品开发与设计、技术改造与创新的初步能力
	2.4 组织管理能力	2.4.1 在团队中的领导能力 2.4.2 较强的协调、管理、竞争与合作的能力 2.4.3 协调组织任务、人力和资源，提升项目组工作质量 2.4.4 具备应对危机与突发事件的能力
3. 应养成的素质与职业道德	3.1 创新能力	3.1.1 有一定的创新意识，并具备相应的创新素质 3.1.2 具有实践能力和在实践中创新的能力 3.1.3 对新事物充满好奇心和快速吸收与学习的能力
	3.2 具备良好的职业道德	3.2.1 熟悉本行业适用的主要职业健康安全、标准知识 3.2.2 遵守所属职业体系的职业行为准则，并在法律和制度的框架下工作 3.2.3 具有良好的质量、安全、服务意识
	3.3 具有对变化环境的适应性	3.3.1 具备较强的适应能力 3.3.2 自信、灵活地处理新的和不断变化的人际环境与工作环境 3.3.3 能够在不同文化、不同区域背景下适应地工作
	3.4 具备终身学习的意识与能力	3.4.1 根据社会急需和学科前沿，不断保持和增强其职业能力，制订并实施继续职业发展计划 3.4.2 具有终身学习的能力和追求卓越的执着态度 3.4.3 具有锲而不舍的精神和坚定信念

附录 D 江南大学机械工程专业 （机械电子方向）培养标准

1. 具备良好的职业道德，体现对职业、社会、环境的责任

1.1 有较强的社会责任心和较高的道德水平

1.2 掌握一定的职业健康安全、环境的法律法规、标准知识，以及应遵守的职业道德规范。遵守本专业所从事职业体系的职业行为准则

1.3 具有良好的质量、安全、服务和环保意识，并承担有关健康、安全、福利等事务的责任

1.4 为保持和增强其职业能力，检查自身的发展需求，制订并实施继续职业发展计划

1.5 具有较好的身心素质和人文社会科学素养

1.5.1 健康的身体和心理素质

1.5.2 较好的人文、社会素养

2. 基本理论和专业知识

2.1 基本理论

2.1.1 数学理论

具备微积分理论，能通过线性代数的基本方法，进行矩阵运算和解线性方程组，掌握处理随机现象的基本思想和方法，运用概率统计方法分析和解决问题的能力。

2.1.2 物理基础

掌握物理基础知识。

2.1.3 力学理论

具备利用物理模型分析和描述复杂问题的能力；具备对机械中的简单构件进

行强度分析和计算的能力；具备利用流体物理特性、流体静力学、流体运动学（连续方程、能量方程、动量方程）原理进行流动中的压力、流量和能量损失计算的能力；具备利用热力学基本循环、热传导方程、对流换热方程、热辐射基本定律等理论分析解决工程问题的能力。

2.1.4 电类基础理论

掌握电路分析的基本方法；掌握异步电动机的转矩与机械特性知识，具备异步电动机的正确使用能力；掌握模拟电路的工作原理；掌握数字电路的一般设计方法，具备数据子系统及控制子系统的设计与硬件实现能力。

2.1.5 计算机基础理论

掌握计算机基础知识、Windows 操作系统使用、计算机常用软件使用、互联网基础知识及网络应用；掌握计算机的组成、工作原理及应用知识；掌握计算机语言中的常量与变量、运算符、表达式、条件语句、循环语句、数组、函数、指针、结构体、联合和枚举、堆和链表、位操作、文件操作的理论与 C 语言程序设计方法。

2.1.6 人文科学知识

了解中国的基本国情；具备人文情怀、高尚的人格和民族责任感；具备马克思主义理论素养；提高法律素质和道德素养；掌握体育理论知识和运动技能，具有良好的意志品质和健康的心理。

2.2 专业知识

2.2.1 工程制图的标准与方法

掌握机械制图的基本原理，了解正投影知识；具有装拆简单机械件（如虎钳等），测绘零件，绘制草图的能力；具备进行零件、装配体的三维建模，生成二维工程图的能力，具备读懂中等复杂程度的零件工程图，实体建模，生成工程图的能力。

2.2.2 机械设计原理与方法

掌握机构的组成原理、结构分析理论与设计方法知识；掌握平面连杆机构、凸轮机构、齿轮机构的分析与设计方法；了解机械中的摩擦原理及机械效率的分析计算；掌握机械平衡、机械运转及速度波动调节的原理与方法；了解机械系统的设计思路与方案设计；掌握通用机械零件的工作原理、特点、维护和设计计算的基本知识，并初步具有设计机械传动装置和简单机械的能力；具备计算机辅助设计能力；掌握可靠性设计和优化设计的方法。

2.2.3　数字化设计方法与手段

掌握 CAD/CAE/CAM 的基本概念、基本原理和基本方法；了解计算机图形处理知识；了解机械产品的建模原理和方法；具备使用 Solidworks 软件对机械产品三维实体与曲面造型、参数化设计、装配体造型、工程详图生成等三维设计能力；具备使用 Solidworks 软件对装配体动态分析与仿真、应力、应变和变形分析等三维分析的能力。

2.2.4　机械制造基础与自动化工艺

具备根据零件使用要求合理选择制造工艺以及根据制造工艺要求合理设计零件结构的能力；掌握机械制造工艺规程的制定，专用夹具的设计方法，具备机械制造生产过程工艺技术问题的基本分析能力；掌握制造系统的总体概念、结构功能、建造过程及发展状态等基本知识；掌握用系统的观点，实现计算机辅助集成生产技术的基本知识。

2.2.5　机械系统的传动控制技术

具备线性系统性能分析能力，理解系统性能与物理系统参数的关系，了解系统校正的思想方法和现代的控制系统分析手段；掌握三相异步电动机的典型控制方法，具备分析和阅读标准的继－接控制电路图的能力；具备 PLC 编程解决逻辑和顺序控制问题，协调机械装备、驱动、PLC 之间关系的能力；掌握机械系统的驱动与控制中的基础技术和基本理论；掌握机械系统驱动与控制相关的工程应用技术及基本方法；了解常用传感器、中间变换电路和记录仪器的工作原理和性能，并能正确选用。

2.2.6　机电产品一体化设计

掌握机电一体化的共性关键技术，包括检测传感技术、信息处理技术、伺服驱动技术、自动控制技术、机械技术及机电集成和匹配等系统总体技术；从功能、结构、控制、信息四个视角掌握机电一体化概念设计的基本方法，具备实现产品整体最优的能力；掌握以机器人为典型案例的机电一体化产品的组成、结构、控制方法，以及应用的先进技术，具备机器人系统设计和综合集成的能力。

2.2.7　机电产品的仿真与性能分析

具备正确建立机、电、液系统的数学模型，应用计算机技术对机电一体化系统进行分析与综合的能力；掌握 MATLAB 的数据类型，矩阵输入和操作方法，语法结构，函数的使用以及二维、三维绘图功能，Simulink 仿真功能，具备使用 MATLAB 语言进行仿真、输出仿真结果，并对仿真结果进行分析的能力；掌握有限元法的基本思想、位移函数的构造方法、单元刚度计算和单元荷载计算、整体刚度和整体荷载的集成，具备结合 CAE 仿真进行算例检验的能力。

2.2.8　机电系统的检测和质量管理

具备频谱分析和相关分析的基本原理和方法，能初步运用动态测试技术进行物理量的测试；了解精度设计中的基础标准以及常用的测量方法与原理；具备基本的误差分析能力与测量数据处理的方法；具备全面质量管理观念，掌握质量控制和产品可靠性设计的理论和基本方法；掌握机械故障诊断中的图像分析、处理的原理，以及常见机械故障的诊断方法。

2.2.9　计算机知识在机电系统中的应用

具备开展管理信息系统开发研究的基础理论和技术知识；具备设计算法、提高数据处理效率的能力；具备用窗体、控件和菜单等工具设计应用程序界面、编制事件过程的能力；具备面向对象程序设计的基本方法和关键技术，以及利用 VC++ 集成开发环境进行程序开发的能力。

3. 掌握选用适当的理论和实践方法解决工程实际问题的能力，并经历过生产运作系统的设计、运行和维护或解决实际工程问题的系统化训练

3.1　了解市场、用户的需求变化以及技术发展，能够编制支持产品形成过程的策划和改进方案

3.2　参与工程解决方案的设计、开发，考虑成本、质量、环保性、安全性、可靠性、外形、适应性以及对环境的影响，找出、评估和选择完成工程任务所需的技术、工艺和方法，确定解决方案

3.3　参与工程计划制订、实施，完成工程任务，并参与相关评价

3.4　参与工程改进建议的提出，并主动从结果反馈中学习

4. 团队协作和交流沟通能力

4.1　良好的团队合作精神和技术协同作战能力

4.1.1　具备一定的协调、管理、竞争与合作的基本能力，与团队成员协同作战的精神和能力

4.1.2　适应团队运行、成长和壮大中的各种变迁，处理和解决矛盾，以及带领一个团队的初步能力

4.2　较强的人际交流及工程表达能力

4.2.1　学会善于控制自我、换位思考和与人交流的能力，以灵活多样的方式处理不断变化的人际关系

4.2.2　能以流畅的文笔和清晰的工程语言表达自己的观点，熟练地将现代交流媒介（电子邮件、多媒体等）应用于人际和工程表达

4.3　一定的外语交流能力

4.3.1　能较熟练地阅读外文资料和文献，一定的英语交流能力

4.3.2　能使用技术语言，在跨文化环境下进行正确的沟通与表达

5. 获取知识及终身学习能力

5.1　文献检索、查询及运用现代信息技术获取相关信息的基本方法

5.1.1　掌握文献检索、资料查询的基本方法

5.1.2　能正确使用网络技术，搜集、分析、判断、选择国内外相关技术信息的能力

5.1.3　具有一定的文献综述能力

5.2　适应发展的学习能力

5.2.1　能正确认识终身学习的重要性

5.2.2　能跟踪专业及相关技术的发展趋势，不断提升专业水平

5.3　拓展知识面的欲望，参与跨专业及国际性的竞争与合作

5.3.1　具有较强的求知欲，不断拓展自己的知识面

5.3.2　能够参与跨专业及国际性的竞争与合作

附录 E　北京印刷学院机械工程专业 "卓越工程师教育培养计划"

培养标准

本专业本着"以社会需求为导向，以实际工程为背景，以工程技术为主线，着力提高学生的工程意识、工程素质和工程实践能力"的原则，培养拥有较高的思想道德修养、科学文化素质、创新创业精神和社会责任感，具有较强的工程实践能力与创新能力，掌握自然科学、人文社会的基础知识，系统掌握机械设计制造及自动控制的基本理论和关键技术，具备机械设计、制造、生产组织管理、设备管理等基本能力，能在印刷出版行业、机械工程领域及先进制造领域从事机械设计、制造、科技开发、设备管理等方面工作的应用型工程师。

本专业毕业的学生，主要在印刷工程、印刷机械或其他机械工程领域从事机械产品、机电一体化产品的设计、制造、营销、服务或相关项目过程的实施、使用及维护，也可承担企业管理、生产技术管理及企业市场运营等工作。

按照本标准培养的机械工程专业的毕业生，达到见习工程师技术能力要求，可获得见习工程师技术资格。

一、掌握一般性和专门的机械制造工程技术知识，并初步具备相关技能

1. 具有从事机械产品设计、制造及使用、服务、营销等工程工作所需的专业基础知识以及一定的人文和社会科学知识（对应国家通用标准 1、2）

1.1　基础科学知识

掌握必要的自然科学基础知识，如数学（包括高等数学、线性代数、概率论与数理统计）、大学物理学、大学化学以及人文科学和经济管理等，以及在此基

础上进行严密推理的能力。

1.2 核心工程基础知识

掌握从事机械工程领域工程技术工作所必需的工程制图、理论力学、机械制造工艺学、机械制造装备设计、机电一体化等核心工程基础知识，侧重于应用工程技术知识解决实际工程问题。

1.3 高级工程基础知识

掌握从事机械工程领域工程技术工作所必需的机械运动学、动力学基础、液压与气压传动等高级工程基础知识。

1.4 人文和社会科学知识

具备较丰富的工程经济、管理、社会学、情报交流、法律、环境等人文与社会学的知识。熟练掌握一门外语，并可运用其对相关技术问题进行沟通和交流。

2. 掌握较为扎实的机械工程专业理论知识，拥有解决机械工程技术问题的初步操作技能，了解本专业的发展现状和趋势（对应国家通用标准 4、6、8）

2.1 典型机械产品的设计与制造方法

了解典型机械产品的设计与制造方法；掌握工装、夹具、刀具、检测等分系统产品设计的基本知识、技能以及计算机辅助设计方法。

2.2 典型机械零、部件的制造工艺

熟悉机械制造工艺的基本技术内容、方法和特点，了解典型机械产品装配、特种零件加工、热处理技术的基本技术内容、方法和特点；了解分析、解决现场出现的工艺问题的基本方法。

2.3 了解本专业的发展现状和趋势

3. 具备机电一体化的基本知识及解决工程技术问题的初步技能

3.1 熟悉机械设备及其控制系统的构造，能够进行机械设备的安装调试和操作

3.2 熟悉机械设备控制系统的构成，具有电气系统设计与改造的初步能力，并能够对系统中的电气故障进行处理

3.3 了解机械领域的发展趋势和前沿技术

4. 具备机械产品质量管理的基本知识及解决工程技术问题的初步技能

4.1 熟悉机械产品及零、部件的检测技术及性能检测方法，并具备解决相

关问题的能力

    4.2 了解质量管理和质量保证体系

    4.3 了解零件尺寸及形位误差检测装置的基本原理和使用方法

    5. 具备计算机应用基础知识及运用 VB、AutoCAD、SolidWorks 等软件解决工程技术问题的初步技能

    5.1 熟悉计算机应用的基本知识

    5.2 了解计算机辅助设计和分析技术

    5.3 掌握大型工程软件的基本操作方法，能够熟练运用进行相关设计

    6. 了解本专业领域技术标准（对应国家通用标准 8）

二、经历过产品设计、运行和维护或解决实际工程问题的系统化训练，初步具备解决工程实际问题的能力（对应国家通用标准 3、5、6）

    1. 了解市场、用户的需求变化以及技术发展，具备机电产品方案系统论证、总体方案设计和改进的能力；

    2. 具备在机械装备的设计、开发过程中，进行方案评估和确定完成工程任务所需的技术、工艺和方法的能力；

    3. 具备较强的创新意识和进行产品开发设计、技术改造与新技术应用的初步能力。

三、具备参与项目及工程管理的能力（对应国家通用标准 1、8、9、10）

    1. 具有一定的质量、环境、职业健康安全和法律意识，在法律法规规定的范畴内，按确定的相关标准和程序要求开展工作；

    2. 使用合适的管理方法、管理计划和预算，组织任务、人力和资源；

    3. 具备应对危机与突发事件的初步能力，能够发现质量标准、程序和预算的变化，并采取恰当的行动；

    4. 参与管理、协调工作团队，确保工作进度；

    5. 参与评估项目，提出改进建议。

四、具备有效的沟通与交流能力（对应国家通用标准 9、11）

1. 能够使用技术语言，在跨文化环境下进行沟通与表达；

2. 能够进行产品设计、制造、试验等工程文件的编纂，如可行性分析报告、项目任务书、投标书等，并可进行说明与阐释；

3. 具备较强的人际交往能力，能够控制自我并了解和理解他人需求和意愿；

4. 具备较强的适应能力，自信、灵活地处理新的和不断变化的人际环境和工作环境；

5. 能够跟踪本领域最新技术发展趋势，具备收集、分析、判断、归纳和选择国内外相关技术信息的能力；

6. 具有团队协作精神和全局观念，并具有一定的协调、管理、竞争与合作能力。

五、具备良好的职业道德，体现对职业、社会、环境的责任（对应国家通用标准 1、3、7）

1. 掌握一定的职业健康安全和环境的法律法规及标准知识，恪守职业道德规范和所属职业体系的职业行为准则；

2. 具有良好的质量、安全、服务和环保意识，承担有关健康、安全和福利等事务的责任；

3. 具有审视自身的发展需求、制订并实施自身职业发展计划的能力。

参考文献

[1] [美] 德里克·博克. 回归大学之道：对美国大学本科教育的反思与展望 [M]. 上海：华东师范大学出版社，2012.

[2] 朱方来. 中德应用型人才培养模式的比较研究与实践·第一版 [M]. 北京：清华大学出版社，2014.

[3] 林健. 卓越工程师培养——工程教育系统性改革研究 [M]. 北京：清华大学出版社，2013.

[4] 张一春. 微课建设研究与思考 [J]. 中国教育网络. 2013，（10）.

[5] 张林. 实践教学体系改革的实践与探索 [J]. 合肥联合大学学报，1999（2）：97-100.

[6] 林健. "卓越工程师教育培养计划"质量要求与工程教育认证 [J]. 高等工程教育研究，2013（6）：49-61.

[7] 林健. 卓越工程师培养质量保障——基于工程教育认证的视角 [M]. 北京：清华大学出版社，2016.

[8] 王沛民，顾建民，刘伟民. 工程教育基础——工程教育理念和实践的研究 [M]. 北京：高等教育出版社，2015.

[9] 康全礼，陆小华. 国际创新型工程教育模式中国化的理论与实践研究 [M]. 青岛：中国海洋大学出版社，2014.

[10] 王竹立. 学习与创新：互联网时代如何做教师 [M]. 北京：高等教育出版社，2017.

[11] 邢红军. 大学教学技能精进教程 [M]. 北京：清华大学出版社，2017.

[12] 张学新. 对分课堂：中国教育的新智慧 [M]. 青岛：中国海洋大学出版社，2014.